高等学校电子与电气工程及自动化专业系列教材

工控组态技术及应用——MCGS(第三版)

主　　编　李红萍

副主编　张婧瑜　马丽红　刘明玲

参　　编　贾秀明

主　　审　王银锁

西安电子科技大学出版社

内 容 简 介

本书为自动控制类理实一体化教材，主要介绍了工控组态软件 MCGS 在各种控制系统中的应用，以实用、易用为目的，利用项目化的编写方式对多种控制系统进行了详细的讲解，力求使读者能够有所借鉴。全书共分为四个模块，模块一介绍了 MCGS 工控组态软件的基本知识及部分组态设备；模块二介绍了多种开关量 MCGS 监控系统的构建方法；模块三介绍了模拟量工程组态的方法与步骤；模块四介绍了多种模拟量 MCGS 监控系统的构建方法。

本书可作为高等学校自动化、机电、电子、计算机控制技术等专业的教材，也可作为化工、电工、能源、冶金等专业的自动控制类课程的教材，还可作为相关专业工程技术人员的自学用书。

本书配有电子课件和相关电子资源，读者可扫封面二维码获取。

图书在版编目(CIP)数据

工控组态技术及应用：MCGS / 李红萍主编. --3 版. --西安：西安电子科技大学
出版社，2023.11
ISBN 978-7-5606-6842-0

Ⅰ. ①工… Ⅱ. ①李… Ⅲ. ①工业控制系统—应用软件—教材 Ⅳ. ①TP273

中国国家版本馆 CIP 数据核字(2023)第 138685 号

策 划	秦志峰
责任编辑	秦志峰
出版发行	西安电子科技大学出版社(西安市太白南路 2 号)
电 话	(029)88202421 88201467 邮 编 710071
网 址	www.xduph.com 电子邮箱 xdupfxb001@163.com
经 销	新华书店
印刷单位	咸阳华盛印务有限责任公司
版 次	2023 年 8 月第 3 版 2023 年 11 月第 1 次印刷
开 本	787 毫米×1092 毫米 1/16 印 张 15.75
字 数	374 千字
印 数	1~2000 册
定 价	40.00 元

ISBN 978-7-5606-6842-0/TP

XDUP 7144003-1

如有印装问题可调换

前　言

　　随着工业自动化水平的迅速提高和计算机在工业领域的广泛应用，人们对工业自动化的要求越来越高。把计算机技术用于工业控制具有成本低、可用资源丰富、易开发等优点。本书的编写目的是使读者掌握根据具体的控制对象和控制目的任意组态的方法，同时可为小型企业利用 PLC 或智能仪表组建计算机控制系统提供帮助。

　　本书采用"理实一体化"的编写方式，通过项目将控制系统的理论知识与实践有机地结合在一起，以马克思主义的立场、观点和方法指导学生发现问题、分析问题和解决问题，引导学生树立正确的人生观、价值观和世界观；强调理论对实践的指导意义，以此提高运用理论知识解决和分析实际问题的能力，并在实践中引导学生增强法律意识、诚信意识、工匠意识和协作意识，为其他专业课以及从事相关专业技术工作奠定基础。

　　在本书的编写过程中，只有极少部分理论知识，大部分内容都是编写老师多年实验、实训项目的总结。全书共分为四个模块，模块一主要介绍了 MCGS 工控组态软件的基本知识、西门子 S7-200 SMART PLC 简介、西门子 S7-300 PLC 简介、三菱 FX 系列 PLC 简介；模块二主要介绍了多种开关量 MCGS 监控系统的构建方法，分别对按钮指示灯控制系统，基于泓格 i-7060 模块的交通灯控制系统，电动机正、反转控制系统，灯塔控制系统，抢答器控制系统，搅拌机控制系统，MCGS 对 PLC 硬件的虚拟扩展的组成、工作原理、MCGS 组态方法及统调等作了详细的介绍；模块三以单容液位定值控制系统为例，分别对 MCGS 工程的组成、组态软件应用程序的开发过程、实时数据库的创建方法、I/O 设备连接、窗口界面编辑、动画链接、实时曲线、历史曲线、报表、用户权限管理、策略组态、按钮、菜单、脚本程序等内容作了非常详细的介绍，使读者对 MCGS 的组态有一个全面的了解；模块四主要介绍了多种模拟量 MCGS 监控系统的构建方法，分别对电机转速控制系统、温度控制系统、风机变频控制系统、液位串级控制系统、西门子 S7-300 PLC 液位控制系统的组成、工作原理、MCGS 组态方法及统调等作了详细的介绍。

编者提供了一些相关软件包资源(包括 MCGS 安装包、西门子 S7-200 SMART PLC 编程软件、三菱 PLC 编程软件等)及工程应用实例电子资源，以方便读者组建或设计相关的工程。有需要的读者可以进入出版社网站，在本书"图书详情"页面的"相关资源"处免费下载。

本书由兰州石化职业技术大学李红萍担任主编，兰州石化职业技术大学张婧瑜、马丽红和秦皇岛职业技术学院刘明玲担任副主编，兰州石化职业技术大学王银锁担任主审。其中，张婧瑜编写了模块一，马丽红编写了模块二，刘明玲编写了模块四的项目一～项目三，兰州石化公司的贾秀明编写了模块三，其余内容均由李红萍编写。

在此特别感谢相关企业和兄弟院校的老师在本书编写过程中提供的素材及支持。另外，在本书的编写过程中，童克波老师提供了很多帮助，在此深表感谢。

由于作者水平有限，书中难免存在不足之处，恳请读者批评指正。

编　者

2023 年 4 月

目　录

模块一 工控组态基础知识

　　随着计算机技术、自动控制技术的高速发展，计算机控制技术已广泛应用于军事、农业、工业、航空航天以及日常生活的各个领域。利用计算机控制技术，人们可以对现场的各种设备进行远程监控，完成常规控制技术无法完成的任务。计算机控制系统已成为自动控制技术发展的必然产物。

　　计算机控制系统包括硬件系统和软件系统两大部分。计算机控制系统的应用需要相关监控软件来支持，MCGS 工控组态软件是应用最为广泛的软件之一。

　　MCGS(Monitor and Control Generated System，监视与控制通用系统)是为工业过程控制和实时监测领域服务的通用计算机系统软件，具有功能完善、操作简便、可视性好、可维护性强等突出特点。

　　本模块主要介绍 MCGS 工控组态软件的基本知识以及在 MCGS 组态过程中的一些常用设备，为模块二、模块三、模块四的学习奠定基础。

　　另外，笔者提供了 MCGS 软件安装包、西门子 S7-200 SMART PLC 编程软件、西门子 S7-200 仿真软件、三菱 PLC 编程软件，有需要的读者可以进入出版社网站，在本书"图书详情"页面的"相关资源"处免费下载。

项目一 MCGS 工控组态软件概述

本项目主要介绍 MCGS 工控组态软件的功能特点及其安装方法。

一、学习目标

1. 知识目标

(1) 掌握 MCGS 工控组态软件的系统构成。

(2) 掌握 MCGS 工控组态软件的功能特点。

(3) 掌握组建工程的一般过程。

(4) 掌握 MCGS 工控组态软件的安装。

2. 能力目标

(1) 初步具备组建 MCGS 工程的思路。

(2) 初步具备安装 MCGS 软件的能力。

二、要求学生必备的知识与技能

1. 必备知识

(1) 计算机操作基本知识。

(2) 控制系统基本知识。

2. 必备技能

(1) 熟练的计算机操作技能。

(2) 熟练的软件安装技能。

计算机控制系统的组成

三、相关知识

1. 计算机控制系统概述

计算机控制系统由工业控制机和生产过程两大部分组成。其中，工业控制机是指按生产过程控制的特点和要求设计的计算机(一般是微机或单片机)，它包括硬件和软件两部分。生产过程包括被控对象及测量变送、执行机构、电气开关等装置。

计算机控制系统按其应用特点、控制功能和系统结构可分为数据采集系统、直接数字控制系统、计算机监督控制系统、分级控制系统、集散控制系统及现场总线控制系统。

2. 计算机控制系统的工作原理及组成

1) 工作原理

计算机控制系统是利用计算机(通常称为工业控制计算机)来实现工业过程自动控制的系统。在计算机控制系统中，由于工业控制机输入和输出的是数字信号，而现场采集到的信号或送到执行机构的信号大部分是模拟信号，因此，与常规的按偏差控制的闭环负反馈系统相比，计算机控制系统需要有模/数(A/D)转换和数/模(D/A)转换这两个环节。计算机闭环控制系统结构框图如图 1-1-1 所示。

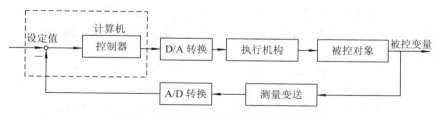

图 1-1-1　计算机闭环控制系统结构框图

计算机将通过测量元件、变送单元和 A/D 转换器送来的数字信号，直接反馈到输入端与设定值进行比较，然后根据要求按偏差进行运算，所得的数字量输出信号经 D/A 转换器送到执行机构，对被控对象进行控制，使被控变量稳定在设定值上，将这种系统称为闭环控制系统。

计算机控制系统的工作原理可归纳为以下三个步骤：

(1) 实时数据采集：对测量变送装置输出的信号经 A/D 转换后进行处理。

(2) 实时控制决策：对被控变量的测量值进行分析、运算和处理，并按预定的控制规律进行运算。

(3) 实时控制输出：实时地输出运算后的控制信号，经 D/A 转换后驱动执行机构，完成控制任务。

上述过程不断重复，使被控变量稳定在设定值上。

在计算机控制系统中，生产过程和计算机直接连接并受计算机控制的方式称为在线方式或联机方式；生产过程不和计算机相连且不受计算机控制，而是靠人进行联系并进行相应操作的方式称为离线方式或脱机方式。

所谓实时，是指信号的输入、计算和输出都在一定的时间范围内完成，也就是说计算机对输入的信息以足够快的速度进行控制，超出了这个时间，就失去了控制的时机，控制也就失去了意义。实时的概念不能脱离具体过程，一个在线的系统不一定是一个实时系统，但一个实时控制系统必定是在线系统。

2) 计算机控制系统的组成

(1) 硬件系统。计算机控制系统由工业控制机和生产过程两大部分组成，其组成框图如图 1-1-2 所示。

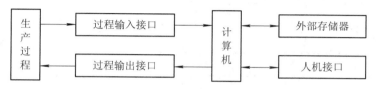

图 1-1-2　计算机控制系统的组成框图

计算机控制系统中的工业控制机硬件是指计算机本身及外围设备，包括计算机、过程输入/输出接口、人机接口、外部存储器等。

计算机是计算机控制系统的核心，其核心部件是 CPU。CPU 通过人机接口和过程输入/

输出接口接收指令和工业对象的信息，并向系统各部分发送命令和数据，完成巡回检测、数据处理、控制计算、逻辑判断等工作。

过程输入接口将从被控对象采集的模拟量或数字量信号转换为计算机能够接收的数字量信号，过程输出接口把计算机的处理结果转换成可以对被控对象进行控制的信号。

人机接口包括操作台、显示器、键盘、打印机、记录仪等，它们是操作人员和计算机进行信息交换的工具。

外部存储器包括光盘、磁带、U 盘等，主要用于存储大量的程序和数据，它是内存储容量的扩充。外部存储器可根据具体要求进行选用。

(2) 软件系统。软件是能完成各种功能的计算机程序的总称，通常包括系统软件和应用软件。

系统软件一般由计算机厂家提供，是专门用来使用和管理计算机的程序，包括操作系统、监控管理程序、语言处理程序和故障诊断程序等。

应用软件是用户根据要解决的实际问题而编写的各种程序。在计算机控制系统中，每个被控对象或控制任务都有相应的控制程序，以满足不同的控制要求。

3. 计算机控制系统的常用类型

计算机控制系统种类繁多，命名方法也各有不同。根据应用特点、控制功能和系统结构，计算机控制系统主要分为六种类型：数据采集系统、直接数字控制系统、计算机监督控制系统、分级控制系统、集散控制系统及现场总线控制系统。

1) 数据采集系统

在数据采集系统中，计算机只承担数据的采集和处理工作，不直接参与控制。数据采集系统对生产过程的各种工艺变量进行巡回检测、处理、记录以及对变量采取超限报警等，同时对这些变量进行累计分析和实时分析，得出各种趋势分析，为操作人员提供参考，如图 1-1-3 所示。

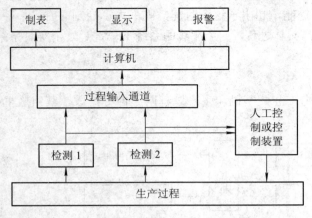

计算机控制系统的常用类型

图 1-1-3　计算机数据采集系统结构图

2) 直接数字控制系统

直接数字控制(Direct Digital Control，DDC)系统的构成如图 1-1-4 所示。计算机通过过程输入通道对控制对象的变量做巡回检测，根据测得的变量，按照一定的控制规律进行运算，计算机运算的结果经过过程输出通道作用到控制对象，使被控变量符合性能指标要求。DDC 系统属于计算机闭环控制系统，是计算机在工业生产过程中较普遍的一种应用方式。

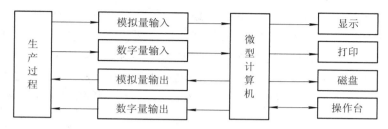

图 1-1-4 直接数字控制系统结构图

直接数字控制系统与模拟系统的不同之处：在模拟系统中，信号的传送不需要数字化，而数字系统中由于采用了计算机，在信号传送到计算机之前必须经模/数(A/D)转换将模拟信号转换为数字信号才能被计算机接收，计算机的控制信号必须经数/模(D/A)转换后才能驱动执行机构。另外，由于计算机是用程序进行控制运算的，其控制方式比常规控制系统灵活且经济，采用计算机代替模拟仪表控制，只要改变程序就可以对控制对象进行控制，因此计算机可以控制几百个回路，并可以对上下限进行监视和报警。此外，因为计算机有较强的计算能力，所以改变控制方法很方便，只要改变程序即可实现，但一般的模拟控制若要改变控制方法就必须改变硬件，这不是轻而易举的事。

由于 DDC 系统中的计算机直接承担控制任务，所以要求其实时性好、可靠性高和适应性强。为了充分发挥计算机的利用率，一台计算机通常要控制多个回路，那就要求合理地设计应用软件，使之不失时机地完成所有功能。由于工业生产现场环境恶劣，干扰频繁，直接威胁着计算机的可靠运行，因此必须采取抗干扰措施。

3) 计算机监督控制系统

计算机监督控制(Supervisory Computer Control，SCC)系统的结构如图 1-1-5 所示。SCC 系统是一种两级微型计算机控制系统，其中 DDC 级计算机完成生产过程的直接数字控制；SCC 级计算机则根据生产过程的工况和已定的数学模型，进行优化分析计算，产生最优化设定值，送给 DDC 级计算机执行。SCC 级计算机承担着高级控制与管理任务，要求其具有数据处理能力强、存储容量大等特点，因此一般采用较高档的微机。

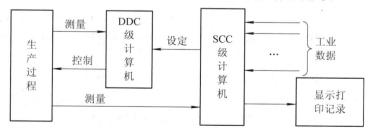

图 1-1-5 计算机监督控制系统结构图

把图 1-1-5 计算机监督控制系统的 DDC 级计算机用数字控制仪器代替，再配以输入采样器、A/D 转换器和 D/A 转换器、输出扫描器，便是 SCC 加数字控制器的 SCC 系统。当 SCC 级计算机出现故障时，由数字控制器独立完成控制任务比较安全可靠。

4) 分级控制系统

在实际生产过程中既存在控制问题，也存在大量的管理问题。过去，由于计算机价格较高，复杂的生产过程控制系统往往采取集中控制方式，以便充分利用计算机，但是这种控制方式由于任务过于集中，一旦计算机出现故障，就会造成系统崩溃。现在，微机价格低廉而且功能日臻完善，由若干台微处理器或微机分别承担部分控制任务，代替了过去集中控制的计算机。这种系统的特点是分散了控制功能，用多台计算机分别来实现不同的控制功能，在管理方面则采用集中管理的方式。由于计算机控制和管理的范围缩小了，因此其应用灵活、方便，可靠性得以提高。图1-1-6所示为一个四级的计算机分级控制系统。

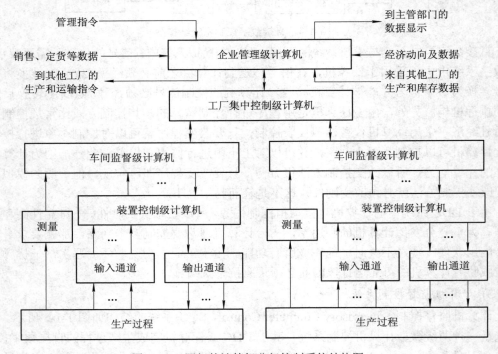

图 1-1-6 四级的计算机分级控制系统结构图

(1) 装置控制级(DDC 级)：对生产过程进行直接控制，如进行 PID 控制或前馈控制，使所控制的生产过程在最优工作情况下工作。

(2) 车间监督级(SCC 级)：根据工厂级计算机下达的命令和通过装置控制级获得的生产过程数据进行最优化控制，并担负着车间内各工段间的协调控制和对 DDC 计算机进行监督的任务。

(3) 工厂集中控制级：可根据上级下达的任务和本厂情况，制订生产计划、安排本厂工作、进行人员调配及各车间的协调，并及时将 SCC 级和 DDC 级的情况向上级报告。

(4) 企业管理级：制订企业长期发展规划、生产计划、销售计划，下达命令至各工厂，并接受各工厂、各部门发回的信息，实现整个企业的总调度。

5) 集散控制系统

集散控制系统(Distributecl Control System，DCS)以微机为核心，把过程控制装置、数据通信系统、显示操作装置、输入/输出通道、控制仪表等有机地结合起来，构成分布式结构。这种系统既实现了地理上和功能上的分散控制，又通过通信系统将各个分散的信息集中起来，进行集中的监视和操作，实现了高级复杂规律的控制，其结构如图1-1-7所示。

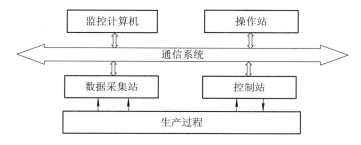

图1-1-7 集散控制系统结构图

集散控制系统是一种典型的分级分布式控制结构。监控计算机通过协调各控制站的工作，达到过程的动态最优化；控制站完成过程的现场控制任务；操作站是人机接口装置，可完成操作、显示和监视任务；数据采集站用来采集非控制过程信息。集散控制系统既有计算机控制系统控制算法先进、精度高、响应速度快的优点，又有仪表控制系统安全可靠、维护方便的优点。集散控制系统容易实现复杂的控制规律，系统是积木式结构，结构灵活，可大可小，易于扩展。

6) 现场总线控制系统

现场总线控制系统(Fieldbus Control System，FCS)是新一代分布式控制结构，如图1-1-8所示。该系统改进了集散控制系统成本高、各厂商产品的通信标准不统一而造成的不能互连的缺点，采用工作站-现场总线智能仪表的两层结构模式，完成了DCS中三层结构模式的功能，降低了成本，提高了可靠性。国际标准统一后，它可实现真正的开放式互连体系结构。

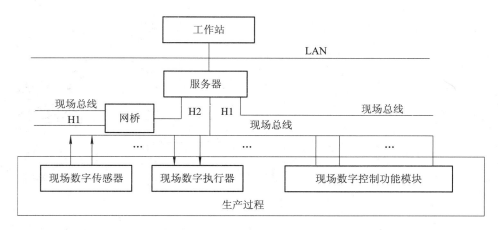

图1-1-8 现场总线控制系统结构图

近年来，由于现场总线的发展，智能传感器和执行器也向数字化方向发展，用数字信号取代4～20 mA电流信号，为现场总线的应用奠定了基础。现场总线是连接工业现场仪表和控制装置之间的全数字化、双向、多站点的串行通信网络。现场总线被称为21世纪的工业控制网络标准。

　　由于计算机科学的飞速发展，计算机的存储能力、运算能力都得到了更进一步的发展，能够解决一般模拟控制系统解决不了的难题，达到一般控制系统达不到的优异的性能指标。在计算机控制算法方面，实现了最优控制、自适应、自学习和自组织系统以及智能控制等先进的控制方法，为提高复杂控制系统的控制质量，有效地克服随机扰动，提供了有力的工具。

四、理实一体化教学任务

　　理实一体化教学任务见表 1-1-1。

表 1-1-1　理实一体化教学任务

任务一	MCGS 工控组态软件的系统构成
任务二	MCGS 工控组态软件的功能特点
任务三	组建工程的一般过程
任务四	MCGS 工控组态软件的安装

五、理实一体化教学步骤

1. MCGS 工控组态软件的系统构成

　　(1) MCGS 工控组态软件的整体结构。MCGS 工控组态软件(以下简称 MCGS)由"MCGS 组态环境"和"MCGS 运行环境"两个系统组成，如图 1-1-9 所示。两部分互相独立，又紧密相关。

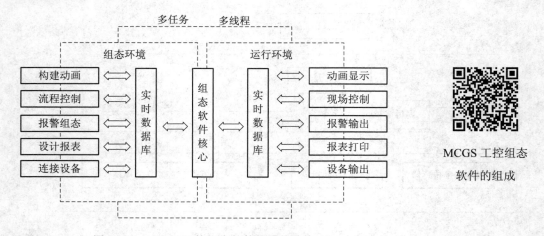

图 1-1-9　MCGS 工控组态软件的整体结构

　　MCGS 组态环境是生成用户应用系统的工作环境，用户在 MCGS 组态环境中完成动画设计、设备连接、编写控制流程、编制工程、打印报表等全部组态工作后，生成扩展名为 .mcg 的工程文件，又称为组态结果数据库。MCGS 运行环境是用户应用系统的运行环境，在运行环境中完成对工程的控制工作。

MCGS 组态环境与 MCGS 运行环境一起构成了用户应用系统，统称为"工程"。

(2) MCGS 工程的五大部分。MCGS 工程由主控窗口、设备窗口、用户窗口、实时数据库和运行策略五部分构成，如图 1-1-10 所示。

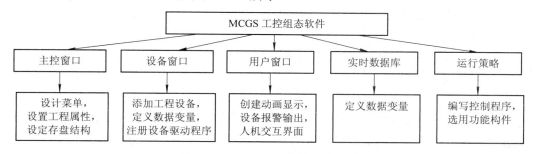

图 1-1-10　MCGS 工程的五大部分

① 主控窗口。主控窗口是工程的主窗口或主框架。在主控窗口中可以放置一个设备窗口和多个用户窗口，主控窗口负责调度和管理这些窗口的打开或关闭。主控窗口主要的组态操作包括定义工程的名称、编制工程菜单、设计封面图形、确定自动启动的窗口、设定动画刷新周期、指定数据库存盘文件名称及存盘时间等。

② 设备窗口。设备窗口是连接和驱动外部设备的工作环境。在设备窗口内可配置数据采集与控制输出设备、注册设备驱动程序、定义连接与驱动设备用的数据变量。

③ 用户窗口。用户窗口主要用于设置工程中人机交互的界面，如生成各种动画显示画面、报警输出、数据与曲线图表等。

④ 实时数据库。实时数据库是工程各个部分的数据交换与处理中心，它将 MCGS 工程的各个部分连接成有机的整体。在实时数据库内可定义不同类型和名称的变量，作为数据采集、处理、输出控制、动画连接及设备驱动的对象。

⑤ 运行策略。运行策略主要完成工程运行流程的控制，包括编写控制程序(if…then 脚本程序)、选用各种功能构件，如数据提取、历史曲线、定时器、配方操作、多媒体输出等。

2. MCGS 工控组态软件的功能特点

(1) 概念简单，易于理解和使用。普通工程人员经过短时间的培训就能正确掌握并快速完成多数简单工程项目的监控程序设计和运行操作。

(2) 功能齐全，便于方案设计。MCGS 为解决工程监控问题提供了丰富多样的手段，从设备驱动到数据处理、报警处理、流程控制、动画显示、报表输出、曲线显示等各个环节，均有丰富的功能组件和常用图形库供选用。

(3) 具备实时性与并行处理能力。MCGS 充分利用了 Windows 操作平台的多任务、按优先级分时操作的功能，使 PC 广泛应用于工程测控领域的设想成为可能。

(4) 建立实时数据库，便于用户分步组态，保证系统安全可靠运行。在 MCGS 组态软件中，实时数据库是整个系统的核心。实时数据库是一个数据处理中心，是系统各个部分及其各种功能性构件的公用数据区。各个部件独立地向实时数据库输入和输出数据，并完成自己的差错控制。

(5) "面向窗口"的设计方法，增加了可视性和可操作性。以窗口为单位，构造用户运行系统的图形界面，使得 MCGS 的组态工作既简单直观又灵活多变。

(6) 丰富的"动画组态"功能，可快速构造各种复杂生动的动态画面。利用大小变化、颜色改变、明暗闪烁、移动翻转等多种手段，增强画面的动态显示效果。

(7) 引入了"运行策略"的概念。用户可以选用系统提供的各种条件和功能的"策略构件"，用图形化的方法构造多分支的应用程序，实现自由、精确地控制运行流程，按照设定的条件和顺序，操作外部设备、控制窗口的打开或关闭，与实时数据库进行数据交换。同时，也可以由用户创建新的策略构件，扩展系统的功能。

3. 组建工程的一般过程

(1) 工程项目系统分析。分析工程项目的系统构成、技术要求和工艺流程，弄清系统的控制流程和测控对象的特征，明确监控要求和动画显示方式；分析工程中的数据采集通道及输出通道与软件中实时数据库变量的对应关系，分清哪些变量是需要利用 I/O 通道与外部设备进行连接的，哪些变量是软件内部用来传递数据及动画显示的。

(2) 工程立项搭建框架。工程立项需创建新工程，主要内容包括定义工程名称、封面窗口名称和启动窗口(封面窗口退出后接着显示的窗口)名称，指定存盘数据库文件的名称以及存盘数据库，设定动画刷新的周期。经过此步操作后，即在 MCGS 组态环境中建立了由五部分组成的工程结构框架。封面窗口和启动窗口也可等到建立了用户窗口后再进行建立。

(3) 设计菜单基本体系。为了对系统运行的状态及工作流程进行有效的调度和控制，通常要在主控窗口内编制菜单。编制菜单分为两步，第一步是搭建菜单的框架，第二步是对各级菜单命令进行功能组态。在组态过程中，可根据实际需要随时对菜单的内容进行增加或删除，不断完善工程的菜单。

(4) 制作动画显示画面。动画制作分为静态图形设计和动态属性设置两个过程，前一过程类似于"画画"，用户通过 MCGS 组态软件中提供的基本图形元素及动画构件库，在用户窗口内"组合"成各种复杂的画面；后一过程则设置图形的动画属性，与实时数据库中定义的变量建立相关链接，作为动画图形的驱动源。

(5) 编写控制流程程序。在"运行策略"窗口内，从策略构件箱中选择所需功能的策略构件，构成各种功能模块(称为策略块)，由这些模块实现各种人机交互操作。MCGS 还为用户提供了编程用的功能构件(称之为"脚本程序"功能构件)，通过简单的编程语言编写工程控制程序。

(6) 完善菜单按钮功能。该功能包括对菜单命令、监控器件、操作按钮的功能组态；实现历史数据、实时数据、各种曲线、数据报表、报警信息输出等功能；建立工程安全机制等。

(7) 编写程序调试工程。利用调试程序产生的模拟数据，可以检查动画显示和控制流程是否正确。

(8) 连接设备驱动程序。选定与设备相匹配的设备构件连接设备通道，确定数据变量的处理方式，完成设备属性的设置。此步操作在设备窗口进行。

(9) 工程完工综合测试。最后测试工程各部分的工作情况，完成整个工程的组态工作，实施工程交接。

4. MCGS 工控组态软件的安装

(1) MCGS 的系统硬件要求。

CPU：1000 MHz 以上。

内存：1 GB 以上，安装识别的最低内存是 12 MB。

显卡：集成显卡 64 MB 以上。

硬盘：保证分区有 20 GB 以上。

网络：需要联网或电话激活授权，否则只能进行为期 30 天的试用权限。

(2) MCGS 软件的安装。

① 插入光盘后会自动弹出 MCGS 安装程序窗口，或运行光盘中的 AutoRun.exe 文件，会弹出 MCGS 安装界面，如图 1-1-11 所示。

MCGS 工控组态软件的安装

图 1-1-11　MCGS 安装界面

② 在安装界面中选择"安装 MCGS 组态软件通用版"，启动安装程序并开始安装。

③ 在弹出的窗口中单击"下一步"按钮，随后安装程序提示指定安装目录，若用户不指定，系统缺省安装到 D:\MCGS 目录下，如图 1-1-12 所示。

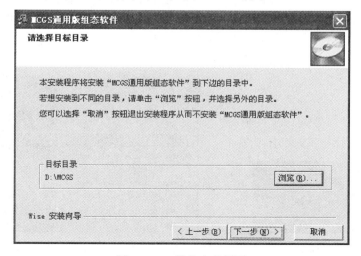

图 1-1-12　缺省安装界面

④ 单击"浏览"按钮，弹出如图 1-1-13 所示的界面，在此界面中选择安装路径。

图 1-1-13　选择安装路径

⑤ 单击"确定"按钮开始安装，安装过程大约要持续数分钟。

⑥ MCGS 系统文件安装完成后，安装程序要建立和安装数据库引擎，这一过程可能持续几分钟，请耐心等待。

⑦ 安装过程完成后，在弹出的对话框中(如图 1-1-14 所示)选择"完成"按钮，在其后弹出的对话框中选择"是，我现在要重新启动计算机"，然后单击"结束"按钮，操作系统重新启动，安装完成。

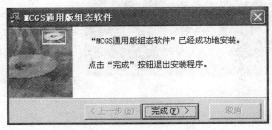

图 1-1-14　安装完成界面

软件安装完成后，Windows 操作系统的桌面上添加了如图 1-1-15 所示的两个图标，分别用于启动 MCGS 组态环境和运行环境。同时，Windows 开始菜单中也添加了相应的 MCGS 程序组，如图 1-1-16 所示。MCGS 程序组包括五项：MCGS 电子文档、MCGS 运行环境、MCGS 自述文件、MCGS 组态环境、卸载 MCGS 组态软件。

图 1-1-15　MCGS 桌面图标

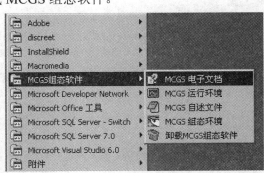

图 1-1-16　MCGS 开始菜单

六、实操考核

项目考核采用步进式考核方式，考核内容如表1-1-2所示。

表 1-1-2　项 目 考 核 表

学　号	1	2	3	4	5	6	7	8	9	10	11	12	13
姓　名													
考核内容进程分值 MCGS组态软件的系统构成 (25分)													
组建MCGS工程的一般过程 (25分)													
MCGS软件的安装(50分)													
扣分 安全文明													
纪律卫生													
总　评													

七、注意事项

(1) 安装MCGS软件时，注意一定要安装MCGS通用版。

(2) 安装MCGS软件时一定要注意安装路径。

(3) MCGS软件安装结束后，一定要重新启动计算机，MCGS软件才能正常使用。

项目二 西门子 S7-200 SMART PLC 简介

S7-200 SMART CPU 是继 S7-200 CPU 系列产品之后西门子推出的小型 CPU 家族的新成员，CPU 本体集成了一定数量的数字量 I/O 点、一个 RJ45 以太网接口和一个 RS-485 接口。S7-200 SMART 系列 CPU 不仅提供了多种型号的 CPU 和扩展模块，能够满足各种配置要求，而且在 CPU 内部还集成了高速计数、PID 和运动控制等功能，能满足各种控制要求。

一、学习目标

1. 知识目标

(1) 掌握西门子 PID 指令的使用方法。

(2) 掌握西门子 S7-200 SMART PLC 系统组成。

(3) 掌握西门子编程软元件的使用方法。

(4) 掌握西门子存储器的相关知识。

(5) 掌握西门子 PLC 与计算机的连接方法。

2. 能力目标

(1) 初步具备用 PLC 搭建 PID 控制系统的能力。

(2) 初步具备 STEP7 软件的安装能力。

(3) 初步具备编程软件的使用能力。

(4) 初步具备 PLC 程序的下载能力。

(5) 初步具备 PLC 工程的调试能力。

二、要求学生必备的知识与技能

1. 必备知识

(1) PLC 基本指令。

(2) 控制系统基本知识。

(3) 存储器基本知识。

2. 必备技能

(1) 熟练的计算机操作技能。

(2) 熟练的软件安装技能。

三、理实一体化教学任务

理实一体化教学任务见表 1-2-1。

表 1-2-1　理实一体化教学任务

任务一	西门子 S7-200 SMART PLC 的 CPU 类型
任务二	西门子 S7-200 系列 PLC 的编程软元件
任务三	PID 指令介绍
任务四	西门子 S7-200 SMART PLC 系统的组成
任务五	西门子 S7-200 SMART PLC 存储器介绍
任务六	通信电缆
任务七	STEP 7 软件的安装
任务八	编程软件的使用
任务九	程序的下载
任务十	工程调试

四、理实一体化教学步骤

1. 西门子 S7-200 SMART PLC 的 CPU 类型

西门子 S7-200 SMART PLC 的 CPU 按照是否具有扩展功能分成两种：一种是紧凑型 CPU，不能扩展任何模块；另外一种是标准型 CPU，可以根据需要扩展模块。S7-200 SMART PLC 的 CPU 按照数字量输出类型又分为晶体管输出和继电器输出两种类型。S7-200 SMART PLC 的 CPU 型号和尺寸信息如表 1-2-2 所示。表中，CPU 类型符号 C 是英文 Compact(紧凑型)的首字母，S 表示 Standard(标准型)，T 表示 Transistor(晶体管)，R 表示 Relay(继电器)。

表 1-2-2　S7-200 SMART PLC 的 CPU 型号和尺寸信息

CPU 类型		供电/I/O	数字量输入点类型和数量	数字量输出点类型和数量	外形尺寸 W×H×D /(mm×mm×mm)
20 I/O	CPU SR20	AC/DC/RLY	12DI	8DO	90×100×81
	CPU ST20	DC/DC/DC			
30 I/O	CPU SR30	AC/DC/RLY	18DI	12DO	110×100×81
	CPU ST30	DC/DC/DC			
40 I/O	CPU SR40	AC/DC/RLY	24DI	16DO	126×100×81
	CPU ST40	DC/DC/DC			
	CPU CR40	AC/DC/RLY			
60 I/O	CPU SR60	AC/DC/RLY	36DI	24DO	175×100×81
	CPU ST60	DC/DC/DC			
	CPU CR60	AC/DC/RLY			

注：AC/DC/RLY：表示 CPU 是交流供电，直流数字量输入，继电器数字量输出。

DC/DC/DC：表示 CPU 是直流 24 V 供电，直流数字量输入，晶体管数字量输出。

2. 西门子 S7-200 系列 PLC 的编程软元件

PLC 的编程软元件即为存储器单元，每个单元都有唯一的地址。为方便不同的编程功能需要，将存储器单元作了分区，因而有不同类型的编程软元件。

1) 输入继电器(I)

　　输入继电器是专设的输入过程映像寄存器，用来接收外部传感器或开关元件发来的信号。图 1-2-1 所示为输入继电器的等效电路图，当外部按钮驱动时，其线圈接通，常开、常闭触点的状态发生相应变化。输入继电器不能由程序驱动，其触点不能直接驱动外部负载。

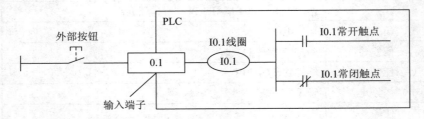

图 1-2-1　输入继电器的等效电路图

2) 输出继电器(Q)

　　输出继电器是专设的输出过程映像寄存器。输出继电器的外部输出触点接到输出端子上，以控制外部负载。输出继电器的外部输出执行器件有继电器、晶体管和晶闸管 3 种。图 1-2-2 表示输出继电器的等效电路图，当输出继电器接通时，它所连接的外部电路被接通，同时输出继电器的常开触点、常闭触点动作，可在程序中使用。

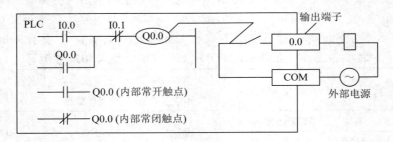

图 1-2-2　输出继电器的等效电路图

3) 内部标志位(M)

　　内部标志位又称为存储区，其可以存储中间操作信息。它们不直接驱动外部负载，只起中间状态的暂存作用，类似于中间继电器，在 S7-200 SMART PLC 中称为内部标志位，一般以"位"为单位使用。

4) 特殊标志位(SM)

　　特殊标志位为用户提供一些特殊的控制功能及系统信息，用户对操作的一些特殊要求也可通过 SM 通知系统。特殊标志位分为只读区和可读/可写区两部分。

(1) 只读区特殊标志位，用户只能利用其触点。例如：

① SM0.0：RUN 监控，PLC 在 RUN 状态时，SM0.0 总为 1。

② SM0.1：初始化脉冲，PLC 由 STOP 转为 RUN 时，SM0.1 接通一个扫描周期。

③ SM0.2：当 RAM 中保存的数据丢失时，SM0.2 接通一个扫描周期。

④ SM0.3：PLC 上电进入 RUN 状态时，SM0.3 接通一个扫描周期。

⑤ SM0.4：分脉冲，占空比为 50%，周期为 l min 的脉冲串。

⑥ SM0.5：秒脉冲，占空比为 50%，周期为 1 s 的脉冲串。

⑦ SM0.6：扫描脉冲，一个扫描周期为 ON，下一个扫描周期为 OFF，交替循环。

⑧ SM0.7：指示 CPU 上 MODE 开关的位置，0 = TERM，1 = RUN，通常用于在 RUN 状态下启动自由口通信方式。

(2) 可读/可写特殊标志位，用于特殊控制功能。例如：用于自由口设置的 SMB30，用于定时中断时间设置的 SMB34/SMB35，用于高速计数器设置的 SMB36～SMB65，用于脉冲串输出控制的 SMB66～SMB85 等。

5) 定时器(T)

PLC 中的定时器作用相当于时间继电器，定时器的设定值由程序赋值。每个定时器有一个 16 位的当前值寄存器及一个状态位。定时器的计时过程采用时间脉冲计数的方式，其分辨率可分为 1 ms、10 ms、100 ms 三种。

6) 计数器(C)

计数器的结构与定时器基本相同，其设定值在程序中赋值。计数器有一个 16 位的当前值寄存器，还有一个用来计算从输入端子或内部元件送来的脉冲数状态位计数器。计数器有加计数器、减计数器及加减计数器 3 种类型。由于计数器的计数频率受扫描周期的限制，因此当需要对高频信号计数时可以使用高速计数器(HSC)。

7) 高速计数器(HSC)

高速计数器用于对频率高于扫描周期的外接信号进行计数。高速计数器使用主机上的专用端子来接收这些高速信号，其数据为 32 位有符号的高速计数器的当前值。

8) 变量寄存器(V)

变量寄存器用于存储程序执行过程中控制逻辑的中间结果，或用来保存与工序或任务相关的其他数据。

9) 累加器(AC)

S7-200 系列 PLC 提供 4 个 32 位累加器(ACC0～ACC3)，累加器常用作数据处理的执行器件。

10) 局部存储器(L)

局部存储器与变量寄存器相似，只不过变量寄存器是全局有效的，而局部存储器是局部有效的。局部存储器常用作临时数据的存储器，或者为子程序传递函数。

11) 状态元件(S)

状态元件通常与顺序控制指令 LSCR、SCRT、SCRE 结合使用，实现顺序控制。

12) 模拟量输入/输出(AIW/AQW)

模拟量经 A/D、D/A 转换，在 PLC 外为模拟量，在 PLC 内为数字量。模拟量输入/输出元件 AIW/AQW 为模拟量输入/输出的专用存储单元。

3. PID 指令介绍

PID 指令根据回路表(TBL)中的输入和配置信息，引用 LOOP，执行 PID 回路计算。本指令有两个操作数：一个是回路表起始地址，另一个是回路号码。程序中可使用 8 条 PID

指令。程序中多条 PID 指令不能使用相同的回路号码。回路表存储控制和监控回路运算的一些参数，包括进程变量、设定值、输出值、增益值、采样时间、积分时间(重设)、微分时间(速率)、偏差值和以前的进程变量。

S7-200 系列 PLC 的 PID 指令引用一个包含回路参数的回路表，此表起初的长度为 36 个字节，在增加了 PID 自动调节后，回路表现已扩展到 80 个字节。回路表的主要字节如表 1-2-3 所示。

表 1-2-3　回　路　表

偏移量	域	格式	类型	说　　明
0	进程变量	双字实数	入	包含进程变量，必须在 0.0～1.0 范围内
4	设定值	双字实数	入	包含设定值，必须在 0.0～1.0 范围内
8	输出值	双字实数	入/出	包含计算输出值，在 0.0～1.0 范围内
12	增益值	双字实数	入	包含增益值，此为比例常数，可为正数或负数
16	采样时间	双字实数	入	包含采样时间，以秒为单位，必须为正数
20	积分时间	双字实数	入	包含积分时间或复原，以分钟为单位，必须为正数
24	微分时间	双字实数	入	包含微分时间或速率，以分钟为单位，必须为正数
28	偏差值	双字实数	入/出	包含 0.0 和 1.0 之间的偏差值或积分和数值
32	以前的进程变量	双字实数	入/出	包含最后一次执行 PID 指令存储的进程变量以前的数值

PID 指令从起始地址开始，获取需要的数据，进行 PID 计算，然后将计算完的数据存入相应的地址中。由于 PID 指令接收的 PV 数据范围是 0～1，输出的 MV 值范围是 0～1，因此在进行计算之前需要将检测元件检测到的数据转换为 0～1 之间的实数，相应地将输出 MV 的值转换到 0～32000 之间的数字量送到输出通道，在输出点就可得到 4～20 mA 的电流信号。

4. 西门子 S7-200 SMART PLC 系统的组成

S7-200 SMART PLC 控制器硬件系统由 4 部分组成：CPU 模块、扩展模块、通信电缆和计算机。系统连接图如图 1-2-3 所示。

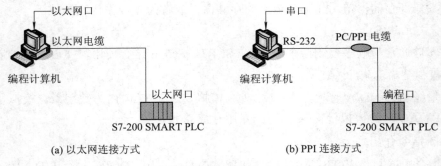

(a) 以太网连接方式　　　　　　　　(b) PPI 连接方式

图 1-2-3　西门子 S7-200 SMART PLC 系统连接图

5. 西门子 S7-200 SMART PLC 存储器介绍

S7-200 SMART PLC 将数据存储在不同的存储单元，每个单元都有唯一的地址。只要明确指出存储区的地址，就可以存取这个数据。

存取存储区域的某一位必须指定地址，包括存储器标识符、字节地址和位号，如 I3.4 表示寻址输入过程映像寄存器的字节 3 的第 4 位。

若要存取 CPU 中的一个字节、字或双字数据，则需要给出存储器标识符、数据大小和起始字节地址，如 VB100 表示寻址变量存储器的字节 100，VD100 表示寻址变量存储器的起始地址为 100 的双字。

1) 按位、字节、字和双字来存取的存储器

按位、字节、字和双字来存取的存储器有：输入过程映像寄存器(I)、输出过程映像寄存器(Q)、变量存储区(V)、位存储区(M)、特殊存储器(SM)、局部存储器(L)、顺控继电器存储器(S)。

2) 其他特殊的存储方式

(1) 模拟量输入 AI(AIW0～AIW30)、模拟量输出 AO(AOW0～AOW30)：必须按字存取，而且首地址必须用偶数字节地址。

(2) 定时器存储器(T)和计数器存储器(C)，用位或字的指令读取。用位指令时，读定时器位；用字指令时，读计时器当前值。

(3) 累加器(AC)AC0～AC3：可以按字节、字、双字存取。

(4) 高速计数器(HSC)，4 个 30 kHz 高速计数器(HC0、HC3、HC4、HC5)：只读，双字寻址。

S7-200 系列 PLC 的浮点数由 32 位单精度表示，精确到小数点后六位。

6. 通信电缆

将 PC/PPI 电缆通过 RS-232 接口(PC)连接到计算机上，另外一端连接到 PLC 的编程口上，将提供 PLC 与计算机之间的通信。电缆线长为 5 m，带内置 RS-232C/RS-485 连接器，用于 CPU 22X 与 PC 或其他设备(例如打印机、条码阅读器等)之间连接。

将以太网电缆通过 PC 的网口连接到计算机上，另外一端连接到 PLC 的以太网口上，它将提供 PLC 与计算机之间的通信。PLC 通过交换机可与其他设备相连。

7. STEP 7 软件的安装

(1) 打开安装包，运行 SETUP.EXE 文件，进入安装界面，在弹出的窗口中选择安装语言，如图 1-2-4 所示。

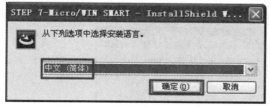

图 1-2-4　选择安装语言

西门子 S7-200 SMART PLC
编程软件的安装

(2) 单击"确定"按钮，进入安装界面。在弹出的窗口中再单击"下一步"按钮，弹出如图 1-2-5 所示界面。

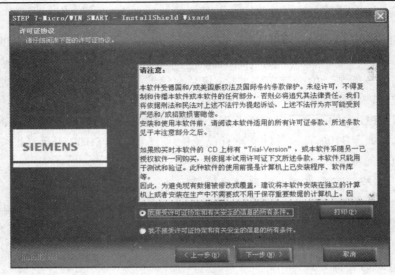

图 1-2-5　STEP 7 安装协议界面

(3) 单击"我接受许可证协定和有关安全的信息的所有条件。",再单击"下一步"按钮,弹出如图 1-2-6 所示的窗口。

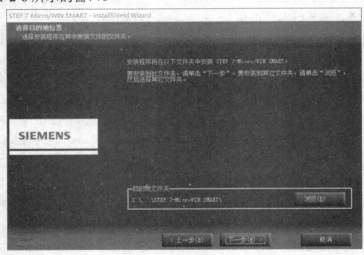

图 1-2-6　选择安装路径

(4) 选择软件的安装路径,默认情况下,软件的安装路径为 C 盘。在安装时该路径可进行修改。路径选择完成后,单击"下一步"按钮,弹出安装进度条界面,如图 1-2-7 所示。

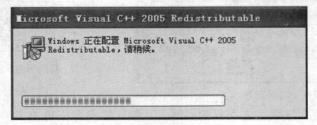

图 1-2-7　安装进度条

(5) 软件安装完成后，选择是否需要打开软件，如图 1-2-8 所示。

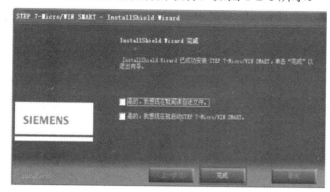

图 1-2-8 安装完成界面

8. 编程软件的使用

(1) 打开 STEP 7-Micro/WIN SMART 西门子 PLC 编程软件，选择"文件"→"新建"，弹出如图 1-2-9 所示的界面。

图 1-2-9 新建文件界面

西门子 S7-200 SMART PLC 编程软件的使用

(2) 选择相应的元件(如图 1-2-10 所示)，如选择常开触点。

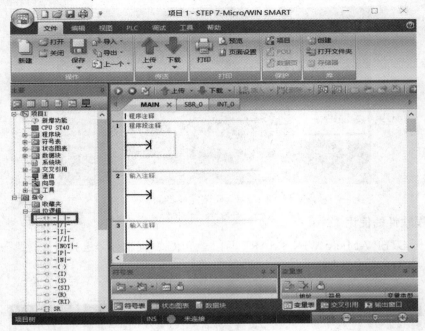

图 1-2-10　插入元件

(3) 双击常开触点，弹出如图 1-2-11 所示的界面，在网络 1 中添加常开触点。

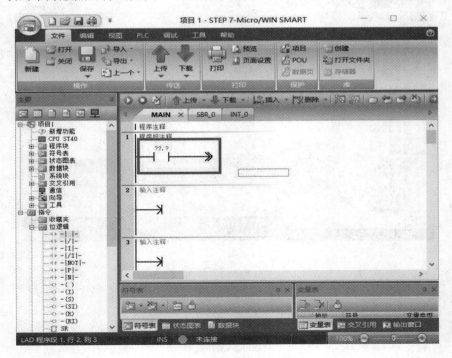

图 1-2-11　梯形图程序编辑界面

(4) 单击图 1-2-11 方框中的"??.?"，修改元件名称，如图 1-2-12 所示。

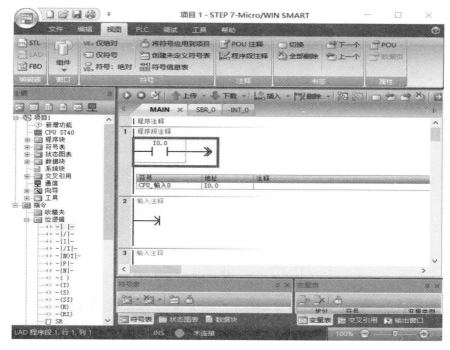

图 1-2-12　修改元件名称

(5) 根据以上步骤输入所有的元件。

(6) 选择"PLC"→"编译项目的所有组件",如图 1-2-13 所示。

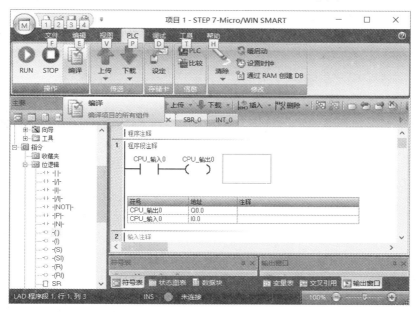

图 1-2-13　程序编译界面

(7) 编译后的结果如图 1-2-14 所示。编译结果如有错误,需要反复修改,直到全部正确为止。

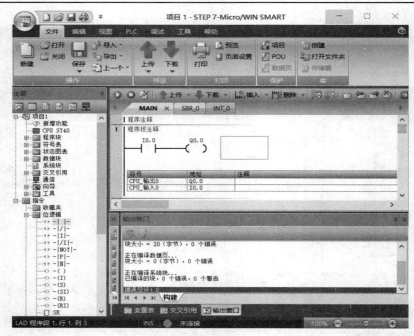

图 1-2-14　信息窗口

9. 程序的下载

(1) 选择"文件"→"下载",弹出如图 1-2-15 所示的界面。

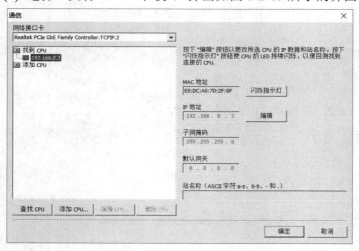

图 1-2-15　STEP 7 文件下载界面

西门子 S7-200 SMART
PLC 工程的下载

(2) 如果此时 PLC 在运行状态,会提示是否转换到 STOP 状态,选择"是"。

(3) 下载完成后,就可以将系统切换回 RUN 模式,这样 PLC 就自动开始运行程序了。

10. 工程调试

1) 调试模式

(1) 选择菜单"调试/开始程序状态监控",则显示如图 1-2-16 所示。程序变成蓝色表示能流通过,此时各个参数都会在程序中实时显示。

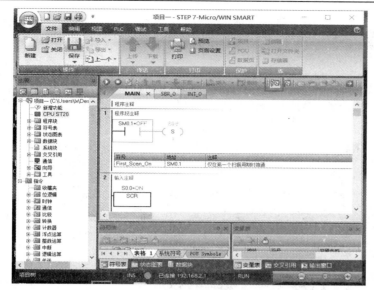

西门子 S7-200 SMART
PLC 工程的调试

图 1-2-16 程序状态监控

(2) 在操作栏中选择"状态图表",然后选择菜单"调试",开始状态表监控,如图 1-2-17 所示。

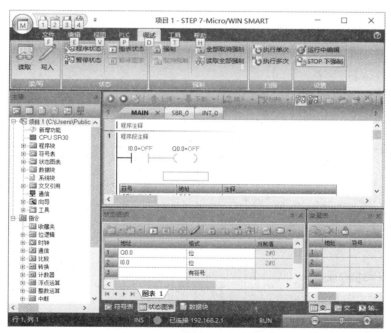

图 1-2-17 状态图表调试状态

2) 西门子 S7-200 SMART PLC 工程的调试与强制

(1) 在联机模式下,可以强制变量。

(2) 在"状态图表"窗口中选中变量最右边的新值栏,输入一个"新值",再依次选择菜单"调试"→"强制",被强制的值后会出现一个锁,如图 1-2-18 所示。

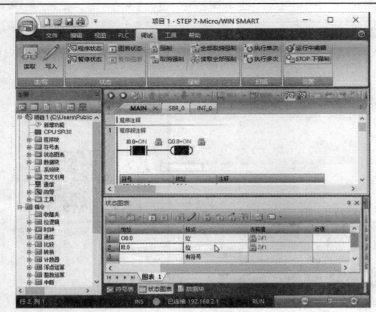

西门子 S7-200 SMART
PLC 工程的调试与强制

图 1-2-18　强制变量

(3) 当 PLC 运行时，要特别小心地进行强制变量，强制变量意味着用强制的变量值执行 PLC 程序。

(4) 如果要取消强制，则可以选择菜单"调试"→"取消强制"。

(5) 完成独立调试后，系统就可以进行联合调试或者运行了。

五、实操考核

项目考核采用步进式考核方式，考核内容见表 1-2-4。

表 1-2-4　项目考核表

学　　　号		1	2	3	4	5	6	7	8	9	10	11	12	13
姓　　　名														
考核内容进程分值	西门子 PID 指令(20 分)													
	PLC 系统组成(10 分)													
	PLC 存储器(10 分)													
	通信电缆(5 分)													
	STEP7 软件的安装(15 分)													
	编程软件的使用方法(20 分)													
	PLC 程序的下载(10 分)													
	工程调试(10 分)													
扣分	安全文明													
	纪律卫生													
总　　评														

六、注意事项

(1) 注意 PID 指令各个参数的地址。

(2) 安装 STEP 7 软件时，注意安装路径。

(3) 给 PLC 下装程序时，要将 PLC 置于 STOP 状态。

七、系统调试

(1) STEP 7 软件的安装调试。STEP 7 软件安装完成后要再运行 STEP7 软件，看是否能进入正常的编程界面。

(2) PLC 程序的下载调试。程序下载完毕，将 PLC 置于运行状态，观察 PLC 是否能实现正常的控制功能。

项目三　三菱 FX 系列 PLC 简介

三菱 FX 系列 PLC 可以追溯到 20 世纪 80 年代，当时三菱电机公司推出的 F1 系列和 F2 系列为其主要产品，其中 F1 系列在我国的 PLC 市场中有很高的市场占有率。现在三菱的 FX_{1S}、FX_{1N}、FX_{2N}、FX_{3U} 系列都是在这两个系列的基础上发展起来的，其结构紧凑、功能强大，适用于各行各业及各种场合的检测、监测及自动控制。本项目主要以 FX_{2N} 系列为例来介绍三菱 FX 系列 PLC 的相关知识。

一、学习目标

1. 知识目标

(1) 掌握三菱 FX_{2N} 系列 PLC 的基本构成。

(2) 掌握三菱 FX_{2N} 系列 PLC 的编程软元件。

(3) 掌握三菱 FX_{2N} 系列 PLC 的系统组成。

(4) 掌握三菱编程软件 GX Developer 的安装方法。

(5) 掌握三菱 PLC 与计算机的连接方法。

2. 能力目标

(1) 初步具备三菱编程软件 GX Developer 的安装能力。

(2) 初步具备三菱 FX_{2N} 系列 PLC 的编程能力。

(3) 初步具备三菱 PLC 程序的下载能力。

(4) 初步具备三菱 PLC 工程的调试能力。

二、要求学生必备的知识与技能

1. 必备知识

(1) 三菱 PLC 基本指令知识。

(2) 控制系统基本知识。

(3) 存储器基本知识。

2. 必备技能

(1) 熟练的计算机操作技能。

(2) 熟练的软件安装技能。

三、理实一体化教学任务

理实一体化教学任务见表 1-3-1。

表 1-3-1　理实一体化教学任务

任务一	三菱 FX$_{2N}$ 系列 PLC 基本构成
任务二	三菱 FX 系列 PLC 的编程软元件
任务三	三菱 FX$_{2N}$ 系列 PLC 系统组成
任务四	三菱 PLC 编程软件 GX Developer 的安装
任务五	三菱 PLC 编程软件的使用方法
任务六	三菱 PLC 程序的下载
任务七	工程调试

四、理实一体化教学步骤

1. 三菱 FX$_{2N}$ 系列 PLC 基本构成

FX$_{2N}$ 系列 PLC 可以应用在大多数单机控制或简单的网络控制中，FX$_{2N}$ 系列 PLC 由基本单元(见表 1-3-2)、扩展单元(见表 1-3-3)和扩展模块组成。

表 1-3-2　FX$_{2N}$ 系列 PLC 基本单元

输入/输出总点数	输入点数	输出点数	扩展模块可用点数	AC 电源 DC 输入		
				继电器输出	三端双向晶闸管开关输出	晶体管输出
16	8	8	24～32	FX$_{2N}$-16MR-001	—	FX$_{2N}$-16MT-001
32	16	16	24～32	FX$_{2N}$-32MR-001	FX$_{2N}$-32MS-001	FX$_{2N}$-32MT-001
48	24	24	48～64	FX$_{2N}$-48MR-001	FX$_{2N}$-48MS-001	FX$_{2N}$-48MT-001
64	32	32	48～64	FX$_{2N}$-64MR-001	FX$_{2N}$-64MS-001	FX$_{2N}$-64MT-001
80	40	40	48～64	FX$_{2N}$-80MR-001	FX$_{2N}$-80MS-001	FX$_{2N}$-80MT-001
128	64	64	48～64	FX$_{2N}$-128MR-001	—	FX$_{2N}$-128MT-001
输入/输出总点数	输入点数	输出点数		DC 电源 AC 输入		
				继电器输出		晶体管输出
32	16	16		FX$_{2N}$-32MR-D		FX$_{2N}$-32MT-D
48	24	24		FX$_{2N}$-48MR-D		FX$_{2N}$-48MT-D
64	32	32		FX$_{2N}$-64MR-D		FX$_{2N}$-64MT-D
80	40	40		FX$_{2N}$-80MR-D		FX$_{2N}$-80MT-D

表 1-3-3　FX$_{2N}$ 系列 PLC 扩展单元

型　号	总 I/O 数量	输　入			输　出	
		数量	电压	类型	数量	类型
FX$_{2N}$-32ER	32	16	24 V 直流	漏型	16	继电器
FX$_{2N}$-32ET	32	16	24 V 直流	漏型	16	晶体管
FX$_{2N}$-48ER	48	24	24 V 直流	漏型	24	继电器
FX$_{2N}$-48ET	48	24	24 V 直流	漏型	24	晶体管
FX$_{2N}$-48ER-D	48	24	24 V 直流	漏型	24	继电器(直流)
FX$_{2N}$-48ET-D	48	24	24 V 直流	漏型	24	继电器(直流)

(1) 基本单元(M)：内有 CPU、存储器、电源和一定量的输入/输出接口，为必用装置。

(2) 扩展单元(E)：要增加 I/O 点数时使用的装置。

(3) 扩展模块：用于扩展一些特殊用途的功能，还可以以 8 位为单位增加 I/O 点数，或只增加输入点数或输出点数。

扩展模块与扩展单元的区别在于扩展模块自身不带电源。

2. 三菱 FX 系列 PLC 的编程软元件

PLC 的编程软元件即存储器单元，每个单元都有唯一的地址。为方便不同的编程功能需要，存储器单元作了分区，因而有不同类型的编程软元件。

1) 输入继电器(X)

输入继电器的外部输入端接收外部的开关输入信号，内部与输入端连接的输入继电器是光电隔离的电子继电器，它们的编号与接线端子编号一致，线圈的吸合或释放只取决于 PLC 外部触点的状态。内部有常开、常闭两种状态的触点供编程使用，且使用次数不限。各基本单元都是八进制输入的地址，输入为 X000～X007、X010～X017 和 X020～X027 等。

2) 输出继电器(Y)

输出继电器向外部负载输出信号。输出继电器的线圈由程序控制，外部输出主触点接到 PLC 的输出端子上供外部负载使用，其余的常开、常闭触点供内部程序使用。输出继电器的常开、常闭触点使用次数不限。输出电路的时间常数是固定的。各基本单元都是八进制输出的地址，输出为 Y000～Y007、Y010～Y017 和 Y020～Y027 等。

3) 辅助继电器(M)

PLC 内部有许多辅助继电器，见表 1-3-4(按十进制数分配)。辅助继电器与输出继电器一样，只能通过程序驱动，相当于继电器控制线路中的中间继电器。辅助继电器也具有大量的可以供编程使用的电子常开触点与常闭触点，但该触点不能接外部负载。

表 1-3-4　辅助继电器的编号

用　途	一般用	停电保持用	停电保持专用	特殊用途
FX$_{2N}$ 系列	M0～M499	M500～M1023	M1024～M3071	M8000～M8255

4) 定时器(T)

定时器在 PLC 中的作用相当于一个时间继电器，有一个设定值寄存器(一个字长)、一个当前值寄存器(一个字长)以及无限个触点(一个位)。对于每个定时器，这三个量使用同一个地址编号名称，但使用场合不一样，其所指也不一样。定时器的分类见表 1-3-5。

表 1-3-5　定时器的分类

型　号	通用定时器		积算定时器		电位器型 0～255
	100 ms	10 ms	1 ms	100 ms	
	0.1～3276.7 s	0.01～327.67 s	0.001～32.767 s	0.1～3276.7 s	
FX$_{2N}$ 系列	T0～T199	T200～T245	T246～T249	T250～T255	功能扩展板

(1) 通用定时器。通用定时器无断电保持功能。通用定时器有 100 ms 和 10 ms 两种。由于 FX$_{2N}$ 系列 PLC 是 16 位的，因此计数值范围为 1～32 767。

● 100 ms 通用定时器(T0～T199)：共 200 点，其中 T192～T199 为子程序和中断服务程序专用定时器；对 100 ms 时钟累积计数，启动后每经过 100 ms 计数内容加 1。

● 10 ms 通用定时器(T200～T245)：共 46 点，对 10 ms 时钟累积计数。

(2) 积算定时器。积算定时器具有计数累积的功能。在定时过程中，如果断电或定时器线圈断开，积算定时器就保持当前的计数值，通电或定时器线圈接通后继续累积，即其当前值具有保持功能，只有将积算定时器复位才会使当前值变为 0。

● 1 ms 积算定时器(T246～T249)：共 4 点，对 1 ms 时钟脉冲进行累积计数，定时范围为 0.001～32.767 s。

● 100 ms 积算定时器(T250～T255)：共 6 点，对 100 ms 时钟脉冲进行累积计数，定时范围为 0.1～3276.7 s。

5) 计数器(C)

FX$_{2N}$ 系列计数器主要分为 16 位增计数器和 32 位增/减计数器，其特点见表 1-3-6。

表 1-3-6 16 位增计数器和 32 位增/减计数器特点

项 目	16 位计数器	32 位计数器
记数方向	增计数	增/减计数
设定值	0～32 767	−2 147 438 648～+2 147 438 647
指定的设定值	常数 K 或数据寄存器	常数 K 或数据寄存器
当前值的变化	增数后不变化	增数后变化(循环记数)
输出触点	增数后保持动作	增数后保持动作，减数复位
复位动作	执行 RST 命令后，计数器复位	
当前值寄存器	16 位	32 位

两种计数器又分为多种，计数器的分类见表 1-3-7。

表 1-3-7 计数器的分类

FX$_{2N}$ 系列	16 位增计数器 0～32 767		32 位增/减计数器 −2 147 438 648～+2 147 438 647		
	一般用	停电保持用	一般用	停电保持用	高速计数器
	C0～C99	C100～C199	C200～C219	C220～C234	C235～C255

根据表 1-3-7 中的分类，计数器又分为内部计数器和高速计数器，其中内部计数器指的是 16 位增计数器和 32 位增/减计数器中的一般用/停电保持用计数器。高速计数器指的是 32 位增/减计数器中的高速计数器。

(1) 内部计数器。内部计数器在执行扫描操作时对内部信号进行计数。

● 16 位增计数器(C0～C199)：共 200 点，其中 C0～C99 为通用型，C100～C199 为断电保持型，即断电后能保持当前值，等到通电后能继续计数。

● 32 位增/减计数器(C200～C234)：C200～C219 为通用型；C200～C234 为断电保持型，由特殊辅助继电器 M8200～M8234 设定。C200～C234 是增/减计数，当其对应的特殊辅助继电器设置为 ON 时为减计数，设置为 OFF 时为增计数。

(2) 高速计数器(C235～C255)。高速计数器与内部计数器相比，具有输入频率高且有断电保持功能，通过参数设定也可变成非断电保持。在 FX$_{2N}$ 型 PLC 中适合作高速计数输入的端口为 X0～X7，输入端口不能重复使用。高速计数器可分为以下几类：

● 单相输入高速计数器(C235~C245)：其触点动作与 32 位增/减计数器相同，可进行增/减计数。

● 双相输入高速计数器(C246~C250)：这类高速计数器具有两个输入端，一个为增计数输入，一个为减计数输入，可利用 M8246~M8250 来设置对应计数器的动作。

● AB 相双相高速计数器(C251~C255)：A 相和 B 相信号决定计数器是增计数还是减计数。当 A 相为 ON 时，若 B 相由 OFF→ON，则为增计数方式；当 A 相为 ON 时，若 B 相由 ON→OFF，则为减计数方式。

6) 数据寄存器(D/V/Z)

PLC 在进行输入/输出处理、模拟量控制、位置控制时，需要许多数据寄存器存储数据和参数。数据寄存器为 16 位，最高位为符号位。可用两个数据寄存器来存储 32 位数据，最高位仍为符号位。数据寄存器有以下几种类型：

(1) 通用数据寄存器(D0~D199)：当 M8033 为 ON 时，D0~D199 有断电保护功能，反之无断电保护功能，在这种情况下，PLC 由 RUN→STOP 或停电时，数据全部清零。

(2) 断电保持数据寄存器(D200~D7999)：其中 D200~D511 有断电保持功能，通过设置外部设备的参数来改变通用数据寄存器与有断电保持功能数据寄存器的分配；D490~D509 供通信用；D512~D7999 的断电保持功能不能用软件改变，但可用指令清除它们的内容。根据参数设定，将 D1000 以上作为文件寄存器。

(3) 特殊数据寄存器(D8000~D8255)：特殊数据寄存器用来监控 PLC 的运行状态；未加定义的特殊数据寄存器，用户不能使用。

(4) 变址寄存器(V/Z)：FX$_{2N}$ 系列 PLC 有 V0~V7 和 Z0~Z7 共 16 个变址寄存器，它们都是 16 位的寄存器。

7) 文件寄存器(D)

(1) 文件寄存器是数据寄存器的一部分，为了方便使用，D1000 以后数据寄存器是普通的保持寄存器，通过参数设定作为最大数为 7000 点的文件寄存器使用。

(2) 通过参数设定，可指定 1~14 个块，每个块有 500 个文件寄存器。将 D1000 以后的一部分设定为文件寄存器时，其余的可作为通用保持寄存器使用。

8) 状态继电器(S)

状态继电器主要用于编写顺序控制程序，一般与步进控制指令配合使用。常用的状态继电器为 S0~S9，归零状态继电器为 S10~S19，供返回起始点使用。通用状态继电器为 S20~S499，这类继电器不具有断电保护功能。断电保持状态继电器为 S500~S899，断电时带锂电池的 RAM 或 EEPROM 保持功能。报警用继电器为 S900~S999，使用 ANS 或 ANR 指令时具有故障输出功能。变量存储区存储具有较大容量的变量寄存器，用于存储程序执行过程中控制逻辑的中间结果，或用来保存与工序或任务相关的其他数据。

3. 三菱 FX$_{2N}$ 系列 PLC 系统组成

FX$_{2N}$ 系列 PLC 控制器硬件系统由四部分组成：CPU 模块、扩展模块、PC/PPI 电缆和计算机。其系统连接如图 1-3-1 所示。计算机与 PLC 之间通过 RS-232/RS-485 通信电缆连接，将通信电缆 RS-232 的一端连接到计算机上，另外一端连接到 PLC 的编程口上。它将提供 PLC 与计算机之间的通信。

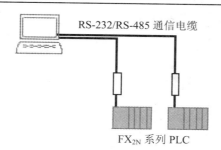

RS-232/RS-485 通信电缆

FX₂N 系列 PLC

图 1-3-1　三菱 FX₂N 系列 PLC 系统连接图

4. 三菱 PLC 编程软件 GX Developer 的安装

(1) 打开安装包中的 EnvMEL 文件夹，运行 SETUP.EXE 文件，进入安装界面。在弹出的界面中单击"下一个"按钮，如图 1-3-2 所示，直至完成安装。

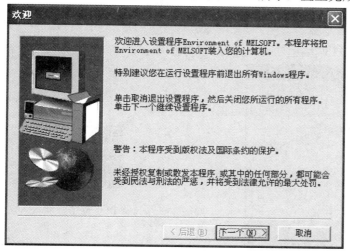

三菱 PLC 编程软件的安装

图 1-3-2　EnvMEL 安装界面

(2) 在安装包根目录下运行 SETUP.EXE 文件，弹出如图 1-3-3 所示的界面。

(3) 单击"确定"按钮，在弹出的窗口中单击"下一步"按钮，弹出如图 1-3-4 所示的界面。

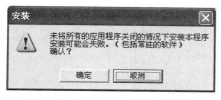

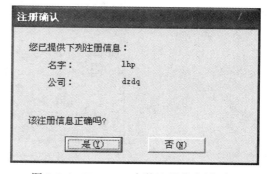

图 1-3-3　EnvMEL 安装选择界面　　　　　图 1-3-4　EnvMEL 安装注册信息界面

(4) 单击"是"按钮，弹出如图 1-3-5 所示的界面。

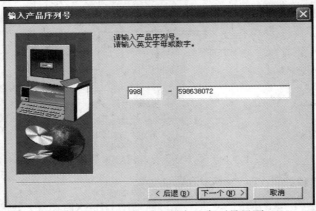

图 1-3-5　EnvMEL 安装产品序列号界面

(5) 单击"下一个"按钮,直至安装结束。

5. 三菱 PLC 编程软件的使用方法

(1) 打开 GX Developer 三菱 PLC 编程软件,如图 1-3-6 所示。

图 1-3-6　GX Developer 三菱 PLC 编程界面

三菱 PLC 程序的输入

(2) 选择"工程"→"创建新工程"菜单项,弹出如图 1-3-7 所示的界面。

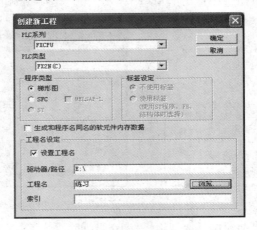

图 1-3-7　创建 GX Developer 新工程

(3) 单击"浏览"按钮，弹出如图 1-3-8 所示的界面。

图 1-3-8　创建 GX Developer 新工程选择界面

(4) 单击"是"按钮，弹出如图 1-3-9 所示的界面。

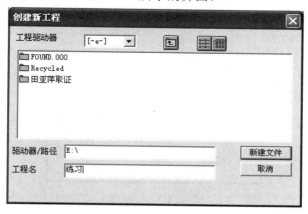

图 1-3-9　选择工程路径及工程名

(5) 输入工程名和工程保存路径，单击"新建文件"按钮，进入程序编辑界面，如图 1-3-10 所示。

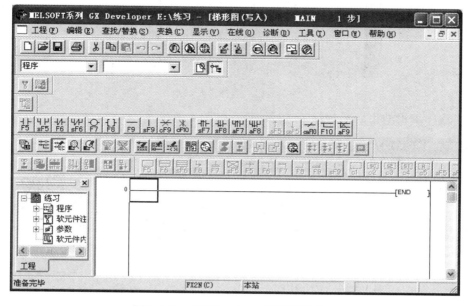

图 1-3-10　GX Developer 程序编辑窗口

(6) 如图 1-3-11 所示，改变程序类型。

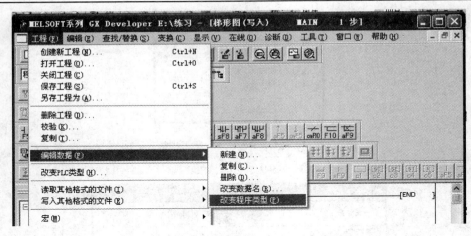

图 1-3-11　改变 GX Developer 程序类型

(7) 选中"改变程序类型"项，弹出如图 1-3-12 所示的界面。

图 1-3-12　选择 GX Developer 程序类型

(8) 选择"梯形图"，单击"确定"按钮。

(9) 单击工具栏中的元件，如选择常开触点，弹出如图 1-3-13 所示的界面。

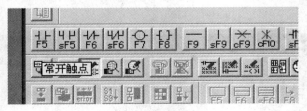

图 1-3-13　选择常开触点

(10) 程序编辑结束后，对程序进行编译，如图 1-3-14 所示。

三菱 PLC 工程的下载

图 1-3-14　程序编译

6. 三菱 PLC 程序的下载

(1) 选择"工程"→"打开工程"菜单项，如图 1-3-15 所示。

(2) 在弹出的窗口中选择要下载的工程，如图 1-3-16 所示。

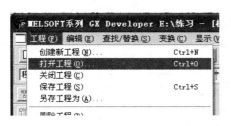 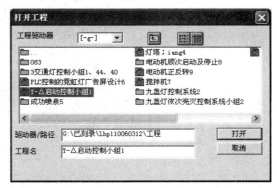

图 1-3-15　打开 GX Developer 工程　　　　图 1-3-16　选择要下载的 GX Developer 工程

(3) 单击"打开"按钮，弹出如图 1-3-17 所示的界面。

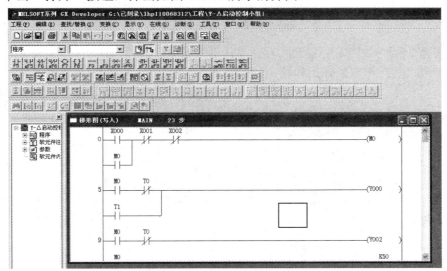

图 1-3-17　打开要下载的 GX Developer 工程

(4) 选择"在线"→"PLC 写入"菜单项，如图 1-3-18 所示。

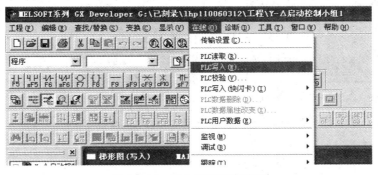

图 1-3-18　进入下载工程选项

(5) 在弹出的窗口中选择"下载工程"选项，弹出如图 1-3-19 所示界面。

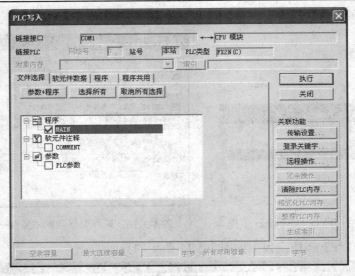

图 1-3-19　下载工程选项

(6) 选择"程序"中的"MAIN"项，单击"执行"按钮，弹出如图 1-3-20 所示的界面。

(7) 单击"是"按钮，弹出如图 1-3-21 所示的界面。

图 1-3-20　执行下载工程

图 1-3-21　远程 PLC 操作选项

(8) 单击"是"按钮，弹出如图 1-3-22 所示的界面。

(9) 写入完毕，弹出如图 1-3-23 所示的界面。

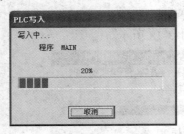

图 1-3-22　下载工程进度

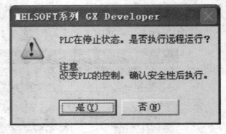

图 1-3-23　下载工程完毕

(10) 单击"是"按钮，PLC 进入运行状态。

7. 工程调试

PLC 系统的调试分为硬件调试和 PLC 程序调试。

1) 硬件调试

硬件调试主要测试 PLC 控制系统的接线是否正确，PLC

三菱 PLC 工程的调试

控制器及其模块是否正常工作。当整个系统接线完毕后，调试人员要根据接线图仔细检查，检查是否出现了接线错误，特别是电源，要警惕电源线短路的情况。如果电源线短路，则会烧坏系统元器件，甚至烧坏 PLC。如果接线正确，则可打开电源查看 PLC 系统的运行情况，一般情况下报错指示灯亮，表明系统有错误，要确定是硬件错误还是软件错误，然后分别进行排除。

2）PLC 程序调试

PLC 程序调试可以分为模拟调试和现场调试。

(1) 模拟调试。将设计好的程序写入 PLC 后，先逐条仔细检查，并改正写入时出现的语法错误。用户程序一般先在实验室模拟调试，实际的输入信号用开关和按钮来模拟，各输出量的通断状态用 PLC 上的发光二极管来显示。对于顺序控制程序，调试程序的主要任务是检查程序的运行是否符合功能表的规定。

(2) 现场调试。模拟调试结束后，将 PLC 安装在控制现场进行联机总调试，在调试过程中将会暴露出系统中可能存在的传感器、执行器等方面的问题，应及时解决出现的问题。如果调试达不到指标要求，则应对相应硬件和软件部分作相应的调整，通常只需要修改程序就可能解决问题。

全部调试通过后，经过一段时间的试运行，系统就可以投入使用了。

五、实操考核

项目考核采用步进式考核方式，考核内容见表 1-3-8。

表 1-3-8　项目考核表

学　号	1	2	3	4	5	6	7	8	9	10	11	12
姓　名												
考核内容进程分值 三菱 PLC 的基本构成(20 分)												
三菱 FX 系列 PLC 的编程软元件(10 分)												
三菱 FX$_{2N}$ 系列 PLC 的系统组成(5 分)												
三菱 FX$_{2N}$ 系列 PLC 编程软件的安装(15 分)												
编程软件的使用方法(20 分)												
PLC 程序的下载(10 分)												
工程调试(20 分)												
扣分 安全文明												
纪律卫生												
总　评												

六、注意事项

(1) 用三菱编程软件设计 PLC 程序时注意程序的输入方法。

(2) 安装三菱编程软件时注意安装路径。

(3) 给 PLC 下载程序时，要将 PLC 置于"STOP"状态。

七、系统调试

(1) 三菱编程软件 GX Developer 的安装调试。安装三菱编程软件 GX Developer 后，运行 GX Developer 软件，看是否能进入正常的编程界面。

(2) PLC 程序的下载调试。程序下载后，将 PLC 置于运行状态，观察 PLC 能否实现正常的控制功能。

项目四　西门子 S7-300 PLC 简介

本项目主要讨论西门子 S7-300 PLC 的结构特点、工作原理、PID 模块的原理、软件编程语言等内容，使读者熟悉 S7-300 PLC 的系统组成、结构原理及常用编程软件的安装及使用。

一、学习目标

1. 知识目标

(1) 掌握西门子 S7-300 PLC 的工作原理。

(2) 掌握模拟量输入模块/输出模块的特性。

(3) 掌握 PID 模块的原理及相关知识。

(4) 掌握西门子 S7-300 PLC 编程语言及技巧。

(5) 掌握西门子 S7-300 PLC 系统的硬件接线。

(6) 掌握西门子 S7-300 PLC 系统的设备连接方法。

(7) 掌握 S7-300 PLC 编程软件的安装方法。

(8) 掌握 S7-300 PLC 编程软件的使用技能。

2. 能力目标

(1) 初步具备西门子 S7-300 PLC 系统的设计能力。

(2) 增强独立分析、综合开发研究、解决具体问题的能力。

(3) 初步具备西门子 S7-300 PLC 系统的应用能力。

(4) 初步具备对西门子 S7-300 PLC 系统中 PID 模块的应用能力。

(5) 初步具备西门子 S7-300 PLC 系统的调试能力。

二、要求学生必备的知识与技能

1. 必备知识

(1) 计算机控制基本知识。

(2) 计算机直接数字控制系统基本知识。

(3) 西门子 S7-300 PLC 系统基本知识。

(4) 西门子 S7-300 PLC 指令系统基本知识。

(5) I/O 信号处理基本知识。

(6) 检测仪表及调节仪表的基本知识。

(7) PID 控制原理。

(8) PLC 梯形图和语句表编程的基本知识。

2. 必备技能

(1) 熟练的计算机操作技能。

(2) 简单过程控制系统的分析能力。

(3) S7-300 PLC 系统的搭建能力。

(4) S7-300 PLC PID 模块的应用能力。

(5) 仪表信号类型的辨识能力。

(6) S7-300 PLC 简单程序的编写技能。

三、理实一体化教学任务

理实一体化教学任务见表 1-4-1。

表 1-4-1　理实一体化教学任务

任务一	西门子 S7-300 PLC 基本知识
任务二	西门子 S7-300 PLC 存储区
任务三	西门子 S7-300 PLC 模块性能简介
任务四	西门子 S7-300 PLC 基本指令简介
任务五	PID 模块及背景数据库
任务六	数字 PID 控制算法
任务七	S7-300 PLC 编程软件的安装
任务八	S7-300 PLC 编程软件的使用

四、理实一体化教学步骤

1. 西门子 S7-300 PLC 基本知识

1) 西门子 S7-300 PLC 的组成

西门子 S7-300 系列 PLC 是模块化结构,可进行模块组合和扩展。其系统构成如图 1-4-1 所示,主要由电源模块(PS)、中央处理单元模块(CPU)、接口模块(IM)、信号模块(SM)、功能模块(FM)等部分组成。它通过 MPI 网络接口直接与编程器(PG)、操作员面板(OP)和其他 PLC 相连。

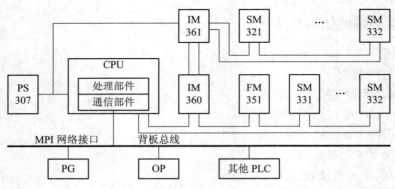

图 1-4-1　S7-300 系列 PLC 系统构成框图

2) S7-300 PLC 的扩展能力

S7-300 PLC 是模块化的组合结构,根据应用对象的不同,可选用不同型号和不同数量的模块,并可以将这些模块安装在同一机架(导轨)或多个机架上。与 CPU312 IFM 和 CPU313 配套的模块只能安装在一个机架上。除了电源模块、CPU 模块和接口模块,一个机架上最多只能再安装 8 个信号模块或功能模块。

S7-300 PLC 的 CPU 模块(简称 CPU)都有一个编程用的 RS-485 接口,有的有 PROFIBUS-DP 接口或 MPI 串行通信接口,它们可以建立一个 MPI(多点接口)网络或 DP 网络。

CPU314/315/315-2DP 最多可扩展 4 个机架,IM360/IM361 接口模块将 S7-300 PLC 背板总线从一个机架连接到下一个机架,如图 1-4-2 所示。

图 1-4-2 S7-300 PLC 机架和槽位图

3) S7-300 PLC 模块地址的确定

根据机架上模块的类型,地址可以为输入(I)或输出(O)。数字 I/O 模块每个槽划分为 4 B(等于 32 个 I/O 点)。模拟 I/O 模块每个槽划分为 16 B(8 个模拟量通道),每个模拟量输入通道或输出通道的地址总是一个字地址。表 1-4-2 为 S7-300 PLC 信号模块的起始地址。

表 1-4-2　S7-300 PLC 信号模块的起始地址

机架	模块起始地址	槽 位 号								
		1	2	3	4	5	6	7	8	9	10	11
0	数字量	PS	CPU	IM	0	4	8	12	16	20	24	28
	模拟量				256	272	288	304	320	336	352	368
1	数字量	—		IM	32	36	40	44	48	52	56	60
	模拟量				384	400	416	432	448	464	480	496
2	数字量	—		IM	64	68	72	76	80	84	88	92
	模拟量				512	528	544	560	576	592	608	624
3	数字量	—		IM	96	100	104	108	112	116	120	124
	模拟量				640	656	672	688	704	720	736	752

0 机架的第一个信号模块槽(4 号槽)的地址为 0.0~3.7,一个 16 点的输入模块只占用地址 0.0~1.7,地址 2.0~3.7 未用。数字量模块中的输入点和输出点的地址由字节地址和位地址组成。例如:

$$I\ 1.5$$

输入　　字节　　位地址
　　　　地址

2. 西门子 S7-300 PLC 存储区

S7-300 PLC 存储区示意图如图 1-4-3 所示。

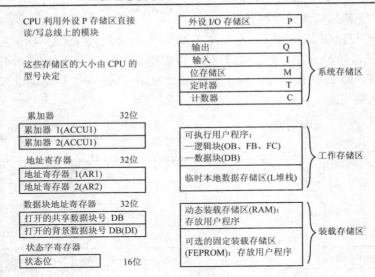

图 1-4-3　　S7-300 PLC 存储区示意图

(1) 系统存储区：RAM 类型，用于存放操作数据(I/O、位存储、定时器、计数器等)。

(2) 工作存储区：物理上占用 CPU 模块中的部分 RAM，其存储内容是 CPU 运行时所执行的用户程序单元(逻辑块和数据块)的复制件。

(3) 装载存储区：物理上是 CPU 模块中的部分 RAM，加上内置的 EEPROM 或选用的可拆卸 FEPROM 卡，用于存放用户程序。

CPU 程序所能访问的存储区为系统存储区的全部、工作存储区中的数据块(DB)和临时本地数据存储区以及外设 I/O 存储区(P)等，其功能见表 1-4-3。

表 1-4-3　程序可访问的存储区及其功能

名　称	存储区	存储区功能
输入(I)	过程输入映像表	扫描周期开始，操作系统读取过程输入值并录入表中，在处理过程中，程序使用这些值。每个 CPU 扫描周期，输入存储区在输入映像表中存放输入状态值。输入映像表是外设输入存储区首 128 B 的映像
输出(Q)	过程输出映像表	在扫描周期中，程序计算输出值并存储在该表中；在扫描周期结束后，操作系统从表中读取输出值，并传送到过程输出口。过程输出映像表是外设输出存储区的首 128 B 的映像
位存储区(M)	存储位	存放程序运算的中间结果
外设输入(PI) 外设输出(PQ)	I/O：外设输入 I/O：外设输出	外设存储区允许直接访问现场设备(物理的或外部的输入和输出)，外设存储区可以以字节、字和双字格式访问，但不可以以位方式访问
定时器(T)	定时器	为定时器提供存储区，计时时钟访问该存储区中的计时单元，并以减法更新计时值。定时器指令可以访问该存储区和计时单元
计数器(C)	计数器	为计数器提供存储区，计数指令访问该存储区
临时本地数据(L)	本地数据堆栈(L 堆栈)	在 FB、FC 或 OB 运行时设定，将在块变量声明表中声明的暂时变量存在该存储区中，提供空间以传送某些类型参数和存放梯形图中间结果。块结束执行时，临时本地存储区再行分配，不同的 CPU 提供不同数量的临时本地存储区
数据块(DB)	数据块	存放程序数据信息，可被所有逻辑块公用("共享"数据块)或被 FB 特定占用"背景"数据块

3. S7-300 PLC 模块性能简介

1) CPU 模块概述

S7-300 PLC 有 CPU312、CPU312 IFM、CPU313、CPU314、CPU314 IFM、CPU315/315-2DP、CPU316-2DP、CPU317-2DP、CPU318-2DP、CPU319-3DP 等 20 多种不同的 CPU 模块可供选择。CPU315-2DP、CPU316-2DP、CPU318-2DP 都具有现场总线扩展功能。CPU 采用梯形图 LAD、功能块 FBD 或语句表 STL 进行编程。

表 1-4-4 中列出了目前工业中应用较多的几种中央处理单元(CPU)的主要特性，包括存储器容量、指令执行时间、最大 I/O 点数、各类编程元件(位存储器、计数器、定时器、可调用块)的数量等。

表 1-4-4　中央处理单元(CPU)的主要特性

特　性		CPU312 IFM	CPU313	CPU314	CPU315/CPU315-2DP
装载存储器		内置 20 KB RAM 内置 20 KB EEPROM	内置 20 KB RAM 最大可扩展 256 B 存储器卡	内置 40 KB RAM 最大可扩展 512 B 存储器卡	内置 80 KB RAM 最大可扩展 512 KB 存储器卡
随机存储器		6 KB	12 KB	24 KB	48 KB
执行时间	位操作	0.6 μs	0.6 μs	0.3 μs	0.3 μs
	字操作	2 μs	2 μs	1 μs	1 μs
	定点加	3 μs	3 μs	2 μs	2 μs
	浮点加	60 μs	60 μs	50 μs	50 μs
最大数字 I/O 点数		144	128	512	1024
最大模拟 I/O 通道		32	32	64	128
最大配置		1 个机架	1 个机架	4 个机架	4 个机架
时钟		软件时钟	软件时钟	硬件时钟	硬件时钟
定时器/个		64	128	128	128
计数器/个		32	64	64	64
位存储器/个		1024	2048	2048	2048
可调用块	组织块(OB)/个	3	13	13	13/14
	功能块(FB)/个	32	128	128	128
	功能调用(FC)/个	32	128	128	128
	数据块(DB)/个	63	127	127	127
	系统数据块(SDB)/个	6	6	9	6
	系统功能调用块(SFC)/个	25	34	34	37/40
	系统功能块(SFB)/个	2	—	—	—

CPU315 程序存储器容量大，I/O 配置规模大。CPU315/CPU315-2DP 具有 48 KB/64 KB 的程序存储器容量，内置 80/96 KB 的装载存储器(RAM)，可用存储卡扩充装载存储器，最

大容量为 512 KB，指令执行速度为 300 ns/二进制指令，最大可扩展 1024/2048 点数字量或 128/256 个模拟量通道。

CPU312 和 CPU313 相对低端，内部系统时钟为软件时钟，主要依靠 CPU 内部周期性的定时器中断(Timer Interrupt)来构建时钟系统。如果系统运行了太多的进程，它就需要较长的时间来执行定时器中断程序，并且软件时钟会漏掉一些中断，而且软件时钟不配置后备电池不能长久保持，因此软件时钟不总是精确的。

其余 CPU 系列均有硬件时钟，并且配有一个后备电池来驱动硬件时钟工作，因此硬件时钟可以掉电保持，独立运行，时间通常比较精确。

CPU 模块的方式选择和状态指示：S7-300 系列 PLC 的 CPU312 IFM/313/314/314 IFM/315/ 315-2DP/316-2DP/318-2DP 模块的方式选择开关都一样，有以下四种工作方式，通过可卸的专用钥匙来控制选择。图 1-4-4 为 CPU 模块面板布置示意图。

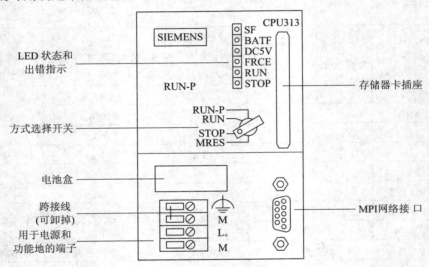

图 1-4-4　　CPU 模块面板布置示意图

(1) RUN-P：可编程运行方式。CPU 扫描用户程序，既可以用编程装置从 CPU 中读出，也可以由编程装置装入 CPU 中。用编程装置可监控程序的运行。在此位置钥匙不能拔出。

(2) RUN：运行方式。CPU 扫描用户程序，可以用编程装置读出并监控 PLC CPU 中的程序，但不能改变装载存储器中的程序。在此位置可以拔出钥匙，以防止程序在正常运行时被改变操作方式。

(3) STOP：停止方式。CPU 不扫描用户程序，可以通过编程装置从 CPU 中读出，也可以下载程序到 CPU。在此位置可以拔出钥匙。

(4) MRES：该位置瞬间接通，用以清除 CPU 的存储器内容。

2) 数字量模块

(1) 数字量输入模块 SM321。数字量输入模块将现场过程单元送来的数字信号电平转换成 S7-300 PLC 内部信号电平。数字量输入模块有直流输入方式和交流输入方式。输入信号进入模块后，一般都经过光电隔离和滤波，然后才送至输入缓冲器等待 CPU 采样。采样时，信号经过背板总线进入输入映像区。

数字量输入模块 SM321 有四种型号的模块可供选择，即直流 16 点输入模块、直流 32 点输入模块、交流 16 点输入模块、交流 8 点输入模块。图 1-4-5(a)、(b)所示为直流 32 点输入和交流 16 点输入对应的端子连接及电气原理图。

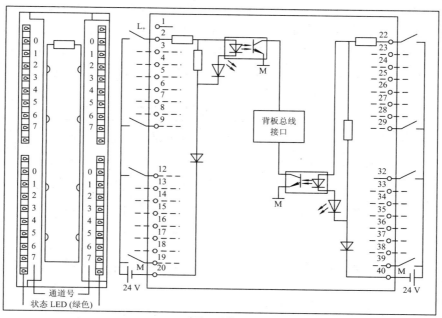

(a) 直流32点输入

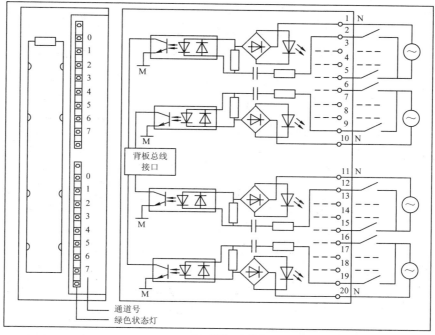

(b) 交流16点输入

图 1-4-5　数字量输入模块 SM321 端子连接及电气原理图

(2) 数字量输出模块 SM322。数字量输出模块 SM322 将 S7-300 PLC 内部信号电平转换成过程单元所要求的外部信号电平，可直接用于驱动电磁阀、接触器、小型电动机、灯和电动机等。

晶体管输出模块只能带直流负载，属于直流输出模块；可控硅输出模块属于交流输出模块；继电器触点输出模块属于交直流两用输出模块。

从响应速度上看，晶体管响应最快，继电器响应最慢；从安全隔离效果及应用灵活性角度来看，继电器触点输出型最佳。表 1-4-5 给出了数字量输出模块 SM322 的技术特性。

表 1-4-5　数字量输出模块 SM322 的技术特性

SM322 模块		16 点晶体管	32 点晶体管	16 点可控硅	8 点晶体管	8 点可控硅	8 点继电器	16 点继电器
输出点数		16	32	16	8	8	8	16
额定电压		24 V DC	24 V DC	120 V AC	24 V DC	120/230 V AC	—	—
额定电压范围		20.4~28.8 V DC	20.4~28.8 V DC	93~132 V AC	20.4~28.8 V DC	93~264 V AC		
与总线隔离方式		光耦	光耦	光耦	光耦	光耦	光耦	光耦
最大输出电流	"1"信号	0.5 A	0.5 A	0.5 A	2 A	1 A		
	"0"信号	0.5 mA	0.5 mA	0.5 mA	0.5 mA	2 mA		
最小输出电流（"1"信号)		5 mA	5 mA	5 mA	5 mA	10 mA		
触点开关容量		—	—	—	—	—	2 A	2 A
触点开关频率	阻性负载	100 Hz	100 Hz	100 Hz	100 Hz	10 Hz	2 Hz	2 Hz
	感性负载	0.5 Hz	0.5 Hz	0.5 Hz	0.5 Hz	0.5 Hz	0.5 Hz	0.5 Hz
	灯负载	100 Hz	100 Hz	100 Hz	100 Hz	1 Hz	2 Hz	2 Hz
触点使用寿命		—	—	—	—	—	10^6 次	10^6 次
短路保护		电子保护	电子保护	熔断保护	电子保护	熔断保护	—	—
诊断		—	—	红色 LED 指示	—	红色 LED 指示		
最大电流消耗	背板总线	80 mA	90 mA	184 mA	40 mA	100 mA	40 mA	100 mA
	L+	120 mA	200 mA	3 mA	60 mA	2 mA	—	—
功率损耗		4.9 W	5 W	9 W	6.8 W	8.6 W	2.2 W	4.5 W

(3) 数字量 I/O 模块 SM323。SM323 模块有两种类型，一种带有 8 个共地输入端和 8个共地输出端，另一种带有 16 个共地输入端和 16 个共地输出端，两种类型的特性相同。

I/O 额定负载电压为 24 V DC,输入电压"1"信号电平为 11～30 V,"0"信号电平为 −3～+5 V,I/O 通过光耦与背板总线隔离。在额定输入电压下,输入延迟为 1.2～4.8 ms。 输出具有电子短路保护功能。

3) 模拟量模块

S7-300 PLC 的 CPU 用 16 位的二进制补码表示模拟量值,其中最高位为符号位 S;"0" 表示正值,"1"表示负值;被测值的精度可以调整,取决于模拟量模块的性能和它的设定 参数;对于精度小于 15 位的模拟量值,低字节中幂项低的位不用。

S7-300 PLC 模拟量输入模块可以直接输入电压、电流、电阻、热电偶等信号,模拟量 输出模块可以输出 0～10 V、1～5 V、−10～10 V、0～20 mA、4～20 mA,−20～20 mA 等 模拟信号。

(1) 模拟量输入模块 SM331。模拟量输入(简称模入(AI))模块 SM331 目前有三种规格 型号,即 8AI × 12 位模块、2AI × 12 位模块和 8AI × 16 位模块。

SM331 主要由 A/D 转换部件、模拟切换开关、补偿电路、恒流源、光电隔离部件、逻 辑电路等组成。A/D 转换部件是模块的核心,其转换原理采用积分方法,被测模拟量的精 度是所设定的积分时间的正函数,即积分时间越长,被测值的精度越高。SM331 可选四挡 积分时间,即 2.5 ms、16.7 ms、20 ms 和 100 ms,相对应的以位表示的精度为 8、12、12 和 14。输入模块 SM331 与电压型传感器的连接如图 1-4-6 所示。

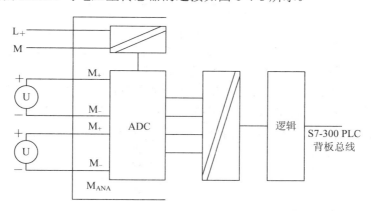

图 1-4-6 输入模块 SM331 与电压型传感器的连接

输入模块 SM331 与 2 线电流变送器的连接如图 1-4-7 所示,与 4 线电流变送器的连接 如图 1-4-8 所示。4 线电流变送器应有单独的电源。

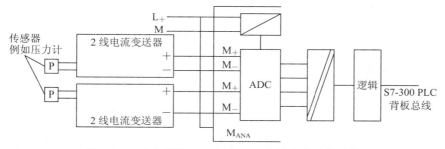

图 1-4-7 输入模块 SM331 与 2 线电流变送器的连接

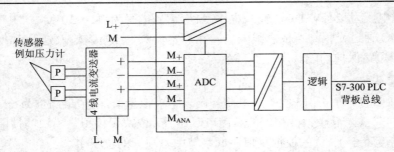

图 1-4-8   输入模块 SM331 与 4 线电流变送器的连接

热电阻(如 Pt100)与输入模块的 4 线连接回路示意图如图 1-4-9 所示。通过端 IC$_+$ 和 IC$_-$ 将恒定电流送到电阻型温度计或电阻，通过 M$_+$ 和 M$_-$ 端子测得在电阻型温度计或电阻上产生的电压，4 线回路可以获得很高的测量精度。如果接成 2 线或 3 线回路，则必须在 M$_+$ 和 IC$_+$ 之间以及在 M$_-$ 和 IC$_-$ 之间插入跨接线，这会降低测量结果的精度。

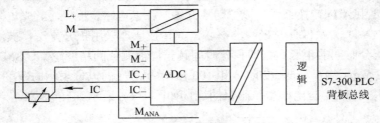

图 1-4-9   热电阻(如 Pt100)与输入模块的 4 线连接回路示意图

(2) 模拟量输出模块 SM332。模拟量输出(简称模出(AO))模块 SM332 目前有三种规格型号，即 4AO × 12 位模块、2AO × 12 位模块和 4AO × 16 位模块，分别为 4 通道的 12 位模拟量输出模块、2 通道的 12 位模拟量输出模块和 4 通道的 16 位模拟量输出模块。

SM332 与负载/执行装置的连接：SM332 可以输出电压，也可以输出电流。在输出电压时，可以采用 2 线回路和 4 线回路两种方式与负载相连。采用 4 线回路能获得比较高的输出精度，如图 1-4-10 所示。

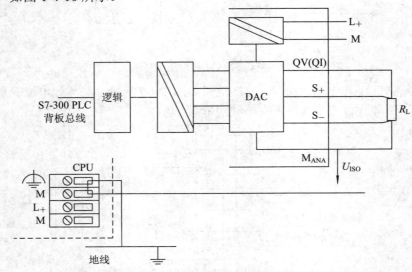

图 1-4-10   SM332 模拟输出模块电压的 4 线连接回路示意图

(3) 模拟量 I/O 模块 SM334。模拟量 I/O 模块 SM334 有两种规格，一种是有 4 模入/2 模出的模拟量模块，其输入、输出精度为 8 位；另一种也是有 4 模入/2 模出的模拟量模块，其输入、输出精度为 12 位。SM334 模块输入测量范围为 0～10 V 或 0～20 mA，输出范围为 0～10 V 或 0～20 mA。其 I/O 测量范围的选择是通过恰当的接线而不是通过组态软件编程设定的。SM334 的通道地址见表 1-4-6。

表 1-4-6　SM334 的通道地址

通　　　　道	地　　　　址
输入通道　0	模块的起始
输入通道　1	模块的起始 +2 B 的地址偏移量
输入通道　2	模块的起始 +4 B 的地址偏移量
输入通道　3	模块的起始 +6 B 的地址偏移量
输出通道　0	模块的起始
输出通道　1	模块的起始 +2 B 的地址偏移量

经常使用的模拟量输出模块的名称和性能如下：

SM332——4 点模拟量输出。

信号类型——电压输出为 0～10 V，±10 V，1～5 V；

　　　　　　电流输出为 4～20 mA，±20 mA，0～20 mA。

分辨率——12 位。

4) PS307 电源模块

PS307 是西门子公司为 S7-300 PLC 专配的 24 V DC 电源。PS307 系列模块除输出额定电流不同外(有 2 A、5 A、10 A 三种)，其工作原理和各种参数都相同。

PS307 可安装在 S7-300 PLC 的专用导轨上，除了给 S7-300 PLC 的 CPU 供电外，也可提供负载电源。图 1-4-11 为 PS307 10A 模块端子接线图。

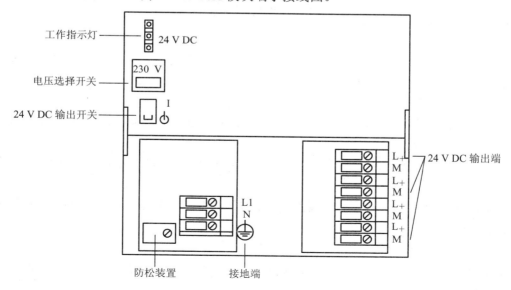

图 1-4-11　PS307 10A 模块端子接线图

5) 接口模块

接口模块主要用于连接多机架的 PLC 系统，即一个 S7-300 PLC 系统的信号模块如果超过 8 块，就必须配置接口模块进行扩展。

通常使用的接口模块为 IM360/IM361。IM360 插入 CR(中央机架，CPU 所在的机架)，IM361 插入 ER(扩展机架，扩展信号模块所在的机架)。使用 IM360/IM361 接口模块最多可以扩展 3 个机架，即一个传统的 PLC 系统最多处理 32 个信号模块。

6) 功能模块

(1) 计数器模块：可直接连接增量编码器，实现连续、单向和循环计数。

(2) 步进电机控制模块：和步进电机配套使用，实现设备的定位任务。

(3) PID 控制模块：实现温度、压力和流量等的闭环控制。

7) 通信处理器

常用的通信处理器包括 PROFIBUS-DP 处理器、PROFIBUS-FMS 处理器和工业以太网处理器。

(1) PROFIBUS-DP 处理器 CP342-5。该处理器用于连接西门子 S7-300 PLC 和 PROFIBUS-DP 的主/从接口模块，通过 PROFIBUS 简单地进行配置和编程。它支持的通信协议有 PROFIBUS-DP、S7 通信功能、PG\OP 通信。其传输速度可在 9.6～12 Mb/s 之间自由选择。它主要用于和 ET200 子站配合，组成分布式 I/O 系统。

(2) PROFIBUS-FMS 处理器 CP343-5。该处理器用于连接西门子 S7-300 PLC 和 PROFIBUS-FMS 的接口模块，通过 PROFIBUS 简单地进行配置和编程。它支持的通信协议有 PROFIBUS-FMS、S7 通信功能、PG\OP 通信。其传输速度可在 9.6～1.5 Mb/s 之间自由选择。它主要用于和操作员站的连接。

(3) 工业以太网处理器 CP343-1。该处理器用于连接西门子 S7-300 PLC 和工业以太网接口模块。0/100 Mb/s 全双工通信，接口连接为 RJ45、AUI。其支持的通信协议有 ISO、TCP/IP、S7、PG\OP 等。它主要用于和操作员站的连接。

8) 通信网卡

(1) PC-ADAPTER：用于 PC 的串口和 PLC 的 MPI 口直接连接。

(2) CP5611 通信卡：用于工程师站\操作员站和 PLC 的多点连接，支持 MPI 协议、PROFIBUS-DP 协议、S7 通信。

(3) CP5613 通信卡：用于工程师站\操作员站和 PLC 的多点连接，支持 MPI 协议、PROFIBUS-DP 协议、S7 通信。

(4) CP1613 通信卡：用于工程师站\操作员站和 PLC 的多点连接，支持 ISO 协议、TCP/IP 协议、S7 通信。

(5) CP5412 A2 通信卡：用于工程师站\操作员站和 PLC 的多点连接，支持 PROFIBUS FMS 协议。

9) 工程师站、操作员站

(1) 工程师站：装有 STEP 7 软件的 PC，主要完成系统硬件和软件的组态、符号编辑以及程序编程等任务。

(2) 操作员站：主要完成操作员站画面组态、变量连接、系统报警、变量曲线生成等功能。

4. S7-300 PLC 基本指令系统简介

西门子 S7-300 PLC 的基本指令包括位逻辑指令、定时器指令、计数器指令、比较指令、转换指令、数据转换指令、逻辑控制指令、数据块调用指令、算术运算指令、赋值指令、程序控制指令、位移和循环指令、状态位指令、字逻辑指令等。

常用指令介绍如下：

1) 位逻辑指令

位逻辑指令用于二进制数的逻辑运算。位逻辑运算的结果简称为 RLO。

A(地址)指令——表示串联的常开触点。

O (地址)指令——表示并联的常开触点。

AN (地址)指令——表示串联的常闭触点。

ON (地址)指令——表示并联的常闭触点。

输出指令(=)——将 RLO 写入地址位，与线圈相对应。

SET 指令——将 RLO 置位为 1。

CLR 指令——将 RLO 复位为 0。

A (无地址)指令——表示电路块串联。

O (无地址)指令——表示电路块并联。

2) 定时器指令

定时器指令实现对定时器的设定与操作。

FR 指令——允许定时器再启动。

L 指令——将定时器的二进制时间值装入累加器 1。

LC 指令——将定时器的 BCD 时间值装入累加器 1。

R 指令——复位定时器。

SP 指令——脉冲定时器。

SE 指令——扩展的脉冲定时器。

SD 指令——接通延时定时器。

SS 指令——保持型接通延时定时器。

SF 指令——断开延时定时器。

时间值在 CPU 内部以二进制格式存放，如图 1-4-12 所示，占定时器字的 0～9 位。

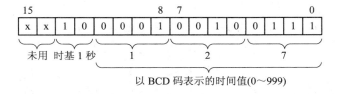

图 1-4-12　定时器时间字

可以按下列的形式将时间预置值装入累加器的低位字：

(1) 十六进制数 W#16#wxyz，其中的 w 是时间基准，xyz 是 BCD 码形式的时间值。

(2) S5T#aH_bM_cS_Dms，例如 S5T# 18S。

时基代码为二进制数 00、01、10 和 11 时，对应的时基分别为 10 ms、100 ms、1 s 和 10 s。

S5 脉冲定时器(Pulse S5 Timer)中，S 为设置输入端，TV 为预置值输入端，R 为复位输入端；Q 为定时器位输出端，BI 输出不带时基的十六进制格式，BCD 输出 BCD 格式的当前时间值和时基。

定时器中的 S、R、Q 为 BOOL(位)变量，BI 和 BCD 为 WORD(字)变量，TV 为 S5TIME 变量。各变量均可以使用 I、Q、M、L、D 存储区，TV 也可以使用定时时间常数 S5T#。

3) 计数器指令

FR 指令——允许计数器再启动。

L 指令——将计数器的二进制计数值装入累加器 1。

LC 指令——将计数器的 BCD 计数值装入累加器 1。

R 指令——复位计数器。

S 指令——将计数器的预置值送入计数器字。

CU 指令——加计数器。

CD 指令——减计数器。

计数器字的格式如图 1-4-13 所示。

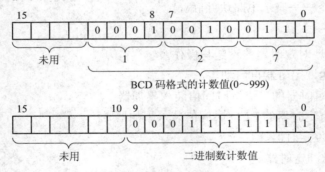

图 1-4-13　计数器字的格式

计数器字的 0~11 位是计数值的 BCD 码，计数值的范围为 0~999。二进制格式的计数值只占用计数器字的 0~9 位。

设置计数值线圈 SC(Set Counter Value)用来设置计数值，在 RLO 的上升沿预置值被送入指定的计数器。在 I0.0 的上升沿，如果计数值小于 999，计数值加 1。复位输入 I0.3 为 1 时，计数器被复位，计数值被清 0。

计数值大于 0 时计数器位(即输出 Q)为 1；计数值为 0 时，计数器位亦为 0。

在减计数输入信号 CD 的上升沿，如果计数值大于 0，计数值减 1。

4) 比较指令

如表 1-4-7 给出的比较指令用于比较累加器 1 与累加器 2 中的数据大小，被比较的两个数的数据类型应该相同。如果比较的条件满足，则 RLO 为 1，否则为 0。状态字中的 CC0 和 CC1 位用来表示两个数的大于、小于和等于关系(见表 1-4-8)。

表 1-4-7　指令执行后的 CC1 和 CC0

CC1	CC0	比较指令	移位和循环移位指令	字逻辑指令
0	0	累加器 2 = 累加器 1	移出位为 0	结果为 0
0	1	累加器 2 < 累加器 1	—	—
1	0	累加器 2 > 累加器 1	—	结果不为 0
1	1	非法的浮点数	移出位为 1	—

表 1-4-8　比 较 指 令

语句表指令	梯形图中的符号	说　明
? I	CMP ? I	比较累加器 2 和累加器 1 中的整数，如果条件满足，则 RLO = 1
? D	CMP ? D	比较累加器 2 和累加器 1 中的双整数，如果条件满足，则 RLO = 1
? R	CMP ? R	比较累加器 2 和累加器 1 中的浮点数，如果条件满足，则 RLO = 1

注：? 可以是==、<>、>、<、>=、<=。

下面是比较两个浮点数的例子：

L	MD4	// MD4 中的浮点数装入累加器 1
L	2.345E+02	// 浮点数常数装入累加器 1，MD4 装入累加器 2
>R		// 比较累加器 1 和累加器 2 的值
=	Q4.2	// 如果 MD4 > 2.345E + 02，则 Q4.2 为 1

梯形图中的方框比较指令可以比较整数(I)、双整数(D)和浮点数(R)。方框比较指令在梯形图中相当于一个常开触点，可以与其他触点串联或并联。

5) 数据转换指令

数据转换指令如表 1-4-9 所示。

表 1-4-9　数据转换指令

语句表	梯形图	说　明
BTI	BCD_I	将累加器 1 中的 3 位 BCD 码转换成整数
ITB	I_BCD	将累加器 1 中的整数转换成 3 位 BCD 码
BTD	BCD_DI	将累加器 1 中的 7 位 BCD 码转换成双整数
DTB	DI_BCD	将累加器 1 中的双整数转换成 7 位 BCD 码
DTR	DI_R	将累加器 1 中的双整数转换成浮点数
ITD	I_DI	将累加器 1 中的整数转换成双整数
RND	ROUND	将浮点数转换为四舍五入的双整数
RND+	CEIL	将浮点数转换为大于等于它的最小双整数
RND-	FLOOR	将浮点数转换为小于等于它的最大双整数
TRUNC	TRUNC	将浮点数转换为截位取整的双整数
CAW	—	交换累加器 1 低字中两个字节的位置
CAD	—	交换累加器 1 中 4 个字节的顺序

6) 逻辑控制指令

逻辑控制指令如表 1-4-10 所示。

表 1-4-10　逻辑控制指令与状态位触点指令

语句表中的逻辑控制指令	梯形图中的状态位触点指令	说　明
JU	—	无条件跳转
JL	—	多分支跳转
JC	—	RLO=1 时跳转
JCN	—	RLO=0 时跳转
JCB	—	RLO=1 且 BR=1 时跳转
JNB	—	RLO=0 且 BR=1 时跳转
JBI	BR	BR=1 时跳转
JNBI	—	BR=0 时跳转
JO	OV	OV=1 时跳转
JOS	OS	OS=1 时跳转
JZ	==0	运算结果为 0 时跳转
JN	<>0	运算结果非 0 时跳转
JP	>0	运算结果为正时跳转
JM	<0	运算结果为负时跳转
JPZ	>=0	运算结果大于等于 0 时跳转
JMZ	<=0	运算结果小于等于 0 时跳转
JUO	UO	指令出错时跳转
LOOP	—	循环指令

逻辑控制指令只能在同一逻辑块内跳转。同一个跳转目的地址只能出现一次。跳转或循环指令的操作数为地址标号，标号最多由 4 个字符组成，第一个字符必须是字母，其余的可以是字母或数字。在梯形图中，目标标号必须是一个网络的开始。

5. PID 模块及背景数据库

西门子 S7-300 PLC 为用户提供了功能强大、使用简单方便的模拟量闭环控制功能。

1) 闭环控制模块

西门子 S7-300 PLC 的 FM355 闭环控制模块是智能化的 4 路和 16 路通用闭环控制模块，可以用于化工和过程控制，模块上带有 A/D 转换器和 D/A 转换器。

2) 闭环控制系统功能块

闭环控制系统功能块可实现各类控制，但需要配置模拟量输入和输出模块(或数字量输出模块)。连续控制通过模拟量输出模块输出模拟量数值，步进控制输出开关量(数字量)。

系统功能块 SFB41~SFB43 用于 CPU31xC(xC 表示带 DP 口)的闭环控制。SFB41 "CONT_C"用于连续控制，SFB42 "CONT_S"用于步进控制，SFB43 "PULSEGEN"用于脉冲宽度调制。

3) 闭环控制软件包

安装了标准 PID 控制(Standard PID Control)软件包后，文件夹"\Libraries\Standard Library \PID Controller"中的 FB41~FB43 用于 PID 控制，FB58 和 FB59 用于 PID 温度控制。FB41~FB43 与 SFB41~SFB43 兼容。

(1) SFB41~SFB43 的调用。SFB41~SFB43 可以在程序编辑器左边的指令树中的"\Libraries\Standard Library\System Function Blocks"(标准库系统功能块)文件夹中找到。

SFB41~SFB43 内有可组态的大量单元，除了创建 PID 控制器外，还可以处理设定值、过程反馈值以及对控制器的输出值进行后处理。定期计算所需的数据保存在制定的背景数据块中，允许多次调用 SFB。

(2) PID 控制的程序结构。应在组织块 OB100 和定时循环中断 OB(OB35)中调用 SFB41~SFB43。执行 OB35 的时间间隔(ms，即 PID 控制的采样周期 T_s)在 CPU 属性设置对话框的循环中断选项卡中设置。

调用系统功能块应指定相应的背景数据块，例如 CALL SFB41 DB30(其中 DB30 指的是调用一次 SFB41 所用到的指定背景数据块)。

系统功能块的参数保存在背景数据块中，可以通过数据块的编号偏移地址或符号地址来访问背景数据块。

(3) 使用 FB41 进行 PID 调节的说明。FB41 称为连续控制的 PID，用于控制连续变化的模拟量，与 FB42 的差别在于后者是离散型的，用于控制开关量。

PID 的初始化可以通过在 OB100 中调用一次，将参数 COM_RST 置位，当然也可在其他地方初始化它，关键是要控制 COM_RST。

PID 的调用可以在 OB35 中完成，一般设置时间为 200 ms。

4) PID 模块背景数据库

(1) PID 背景数据块中的主要参数如下：

● COM_RST：BOOL，重新启动 PID，当该位为 TURE 时，PID 执行重启功能，复位 PID 内部参数到默认值；通常在系统重启时执行一个扫描周期，或在 PID 进入饱和状态需要退出时用这个位。

● MAN_ON：BOOL，手动值为 ON；当该位为 TURE 时，PID 功能块直接将 MAN 的值输出到 LMN，这可以在 PID 框图中看到，也就是说，这个位是 PID 的手动/自动切换位。

● PEPER_ON：BOOL，过程变量外围值为 ON，过程变量即反馈量，此 PID 可直接使用过程变量 PIW(不推荐)，也可使用 PIW 规格化后的值(常用)，因此，这个位为 FALSE。

● P_SEL：BOOL，比例选择位。该位为 ON 时，选择 P(比例)控制有效，一般选择有效。

● I_SEL：BOOL，积分选择位。该位为 ON 时，选择 I(积分)控制有效，一般选择有效。

- INT_HOLD：BOOL，积分保持设置位，一般选择默认。
- I_ITL_ON：BOOL，积分初值有效设置位。I_ITLVAL(积分初值)变量和这个位对应，当此位为 ON 时，则使用 I_ITLVAL 变量积分初值。一般地，当发现 PID 功能的积分值增长比较慢或系统反应不够时可以考虑使用积分初值。
- D_SEL：BOOL，微分选择位。该位为 ON 时，选择 D(微分)控制有效，一般的控制系统不用。
- CYCLE：TIME，PID 采样周期，一般设为 200 ms。
- SP_INT：REAL，PID 的给定值。
- PV_IN：REAL，PID 的反馈值(也称过程变量)。
- PV_PER：WORD，未经规格化的反馈值，由 PEPER_ON 选择有效。
- MAN：REAL，手动值，由 MAN_ON 选择有效。
- GAIN：REAL，比例增益。
- TI：TIME，积分时间。
- TD：TIME，微分时间。
- TM_LAG：TIME，微分操作的延迟时间输入。
- DEADB_W：REAL，死区宽度，如果输出在平衡点附近有微小幅度的振荡，可以考虑用死区来降低灵敏度。
- LMN_HLM：REAL，PID 上极限，一般是 100%。
- LMN_LLM：REAL，PID 下极限，一般为 0。如果需要双极性调节，则需设置为 −100%。(±10 V 输出就是典型的双极性输出，此时需要设置为 −100%。)
- PV_FAC：REAL，过程变量比例因子。
- PV_OFF：REAL，过程变量偏置值(OFFSET)。
- LMN_FAC：REAL，PID 输出值比例因子。
- LMN_OFF：REAL，PID 输出值偏置值(OFFSET)。
- I_ITLVAL：REAL，PID 的积分初值，由 I_ITL_ON 选择有效。
- DISV：REAL，允许的扰动量，前馈控制加入，一般不设置。
- LMN：REAL，PID 输出。
- LMN_P：REAL，PID 输出中 P 的分量。
- LMN_I：REAL，PID 输出中 I 的分量。
- LMN_D：REAL，PID 输出中 D 的分量。

(2) 规格化概念。PID 参数中重要的几个变量的给定值、反馈值和输出值都是用 0.0～1.0 之间的实数来表示的，而这几个变量在实际中都是来自模拟输入或输出控制模拟量。因此，需要将模拟输入转换为 0.0～1.0 的数据，或将 0.0～1.0 的数据转换为模拟输出，这个过程称为规格化。

6. 数字 PID 控制算法

数字 PID 控制在生产过程中是一种最普遍采用的控制方法，在冶金、机械、化工等行业中得到了广泛应用。

　　在模拟控制系统中，控制器最常用的控制规律是 PID 控制。常规 PID 控制系统原理框图如图 1-4-14 所示。系统由模拟 PID 控制器和被控对象组成。

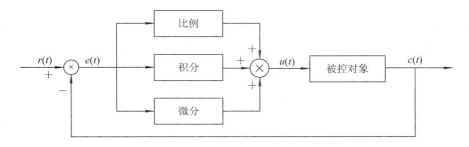

图 1-4-14　常规 PID 控制系统原理框图

　　PID 控制器是一种线性控制器，它根据给定值 $r(t)$ 与实际值 $c(t)$ 构成控制偏差 $e(t)$：

$$e(t) = r(t) - c(t) \tag{1-4-1}$$

　　将偏差的比例、积分和微分通过线性组合构成控制量，对控制对象进行控制，故称 PID 控制器。其控制规律为

$$u(t) = K_{\mathrm{P}} \left[e(t) + \frac{1}{T_{\mathrm{I}}} \int e(t) \mathrm{d}t + T_{\mathrm{D}} \frac{\mathrm{d}e(t)}{\mathrm{d}t} \right] \tag{1-4-2}$$

或写成传递函数形式：

$$G(s) = \frac{U(s)}{E(s)} = K_{\mathrm{P}} \left(1 + \frac{1}{T_{\mathrm{I}}s} + T_{\mathrm{D}}s \right) \tag{1-4-3}$$

式中，K_{P} 为比例系数，T_{I} 为积分时间常数，T_{D} 为微分时间常数。

　　在计算机控制系统中，使用的是数字 PID 控制器，数字 PID 控制算法通常又分为位置式 PID 控制算法、增量式 PID 控制算法、速度式 PID 控制算法及其他一些改进的 PID 控制算法。

　　1) 位置式 PID 控制算法

　　由于计算机控制是一种采样控制，故需将式(1-4-2)中的积分和微分项作如下近似变换：

$$\begin{cases} t \approx kT \quad (k = 0, 1, 2, \cdots) \\[2mm] \int e(t) \mathrm{d}t \approx T \sum_{j=0}^{k} e(jT) = T \sum_{j=0}^{k} e(j) \\[2mm] \dfrac{\mathrm{d}e(t)}{\mathrm{d}t} \approx \dfrac{e(kT) - e[(k-1)T]}{T} = \dfrac{e(k) - e(k-1)}{T} \end{cases} \tag{1-4-4}$$

　　显然，式中的采样周期 T 必须足够短才能保证有足够的精度。为书写方便，将 $e(kT)$ 简化成 $e(k)$，即省去 T。将式(1-4-4)代入式(1-4-2)，可得离散的 PID 表达式：

$$u(k) = K_P\left\{e(k) + \frac{T}{T_I}\sum_{j=0}^{k}e(j) + \frac{T_D}{T}[e(k) - e(k-1)]\right\}$$

$$= K_P e(k) + K_I\sum_{j=0}^{k}e(j) + K_D[e(k) - e(k-1)] \tag{1-4-5}$$

式中，k 为采样序号，k=0，1，2，…；$u(k)$为第 k 次采样时刻的计算机输出值；$e(k)$为第 k 次采样时刻输入的偏差值；$e(k-1)$为第$(k-1)$次采样时刻输入的偏差值；K_I 为积分系数，$K_I = K_P T/T_I$；K_D 为微分系数，$K_D = K_P T_D/T$。

由 z 变换的性质可得到数字 PID 控制器的 z 传递函数为

$$G(z) = \frac{U(z)}{E(z)} = K_P + \frac{K_I}{1-z^{-1}} + K_D(1-z^{-1})$$

$$= \frac{1}{1-z^{-1}}[K_P(1-z^{-1}) + K_I + K_D(1-z^{-1})^2] \tag{1-4-6}$$

数字 PID 控制器的结构框图如图 1-4-15 所示。由于计算机的输出值 $u(k)$ 和执行机构的位置是一一对应的，因此通常称式(1-4-5)为位置式 PID 控制算法。位置式 PID 控制系统图如图 1-4-16 所示。

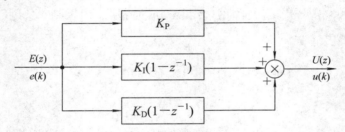

图 1-4-15　数字 PID 控制器的结构框图

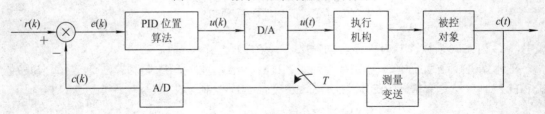

图 1-4-16　位置式 PID 控制系统图

该算法的缺点是计算时要对 $e(k)$ 进行累加，所以计算机的运算工作量较大。而且，由于计算机输出的 $u(k)$ 对应的是执行机构的实际位置，如果计算机出现故障，那么 $u(k)$ 的大幅度变化就会引起执行机构的大幅度变化，这种情况往往是生产实践中不允许的，在某些场合还可能会造成重大的生产事故，因而产生了增量式 PID 控制算法。

2) 增量式 PID 控制算法

所谓增量式 PID，是指数字控制器的输出只是控制量的增量 $\Delta u(k)$。当执行机构需要控制量的增量时，可由式(1-4-5)导出提供增量的 PID 控制算式。根据递推原理可得

$$u(k-1) = K_P e(k-1) + K_I\sum_{j=0}^{k-1}e(j) + K_D[e(k-1) - e(k-2)] \tag{1-4-7}$$

用式(1-4-5)减去式(1-4-7)，可得

$$\Delta u(k) = K_P[e(k) - e(k-1)] + K_I e(k) + K_D[e(k) - 2e(k-1) + e(k-2)]$$
$$= K_P \Delta e(k) + K_I e(k) + K_D[\Delta e(k) - \Delta e(k-1)] \qquad (1\text{-}4\text{-}8)$$

式(1-4-8)称为增量式 PID 控制算法。增量式 PID 控制系统图如图 1-4-17 所示。可以看出，由于一般情况下计算机控制系统采用恒定的采样周期 T，一旦确定了 K_P、K_I 和 K_D，只要使用前后三次测量值的偏差，即可由式(1-4-8)求出控制增量。

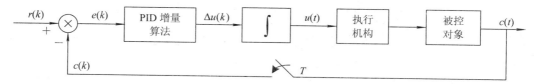

图 1-4-17　增量式 PID 控制系统图

增量式控制虽然只是算法上作了一点改进，却带来了不少优点：

(1) 由于计算机输出增量，因此误动作时影响小，必要时可用逻辑判断的方法消除误差。

(2) 手动/自动切换时冲击较小，便于实现无扰动切换。此外，当计算机发生故障时，由于输出通道或执行装置具有信号的锁存作用，故仍能保持原值。

(3) 算式中不需要累加。控制增量 $\Delta u(k)$ 的确定仅与最近 k 次的采样值有关，所以较容易通过加权处理获得比较好的控制效果。

增量式控制也有其不足之处，如积分截断效应大、有静态误差、溢出的影响大等，因此，在选择时不可一概而论。

3) 速度式 PID 控制算法

速度式 PID 是指数字控制器的输出只是控制增量 $\Delta u(k)$ 的变化率 v_k，反映的是控制输出的快慢。当执行机构需要控制量的增量时，可由式(1-4-8)导出提供增量的 PID 控制算式。根据递推原理可得

$$v_k = \frac{\Delta u(k)}{T} = \frac{K_P \Delta e(k)}{T} + \frac{K_I e(k)}{T} + \frac{K_D(\Delta e(k) - \Delta e(k-1))}{T} \qquad (1\text{-}4\text{-}9)$$

在 SFB41 "CONT_C" 连续控制中，K_P、T_I、T_D 和 M 分别对应于输入参数 GAIN、TI、TD 和积分初值 I_ITLVAL。因此在实际应用中，应合理地调节 K_P、T_I、T_D 的参数值。

7. 西门子 S7-300 PLC 编程软件的安装

硬件要求：能运行 Windows 2000 或 Windows XP 的 PG 或 PC；CPU 主频至少为 600 MHz，内存至少为 256 MB，硬盘剩余空间在 600 MB 以上；具备 CD-ROM 驱动器；显示器支持 32 位、1024×768 分辨率；具有 PC 适配器、CP5611 或 MPI 接口卡。

西门子 S7-300 系列 PLC 编程软件 STEP 7 的安装步骤如下：

(1) 在 STEP 7 安装软件中，双击 "SETUP.EXE" 文件。(按照屏幕上安装程序的逐步指示进行安装，该程序会引导您完成安装。本安装过程在 Windows XP 系统上进行。)

(2) 选择安装语言，如图 1-4-18 所示。

图 1-4-18　选择安装语言

(3) 选择安装程序，如图 1-4-19 所示。

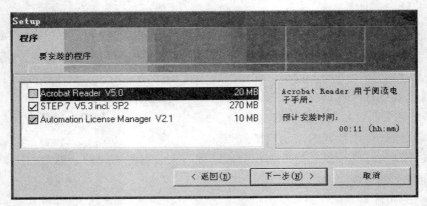

图 1-4-19　选择安装程序

(4) 选择安装方式。

① 标准安装：用于用户界面的所有对话框语言、所有应用以及所有实例。

② 基本安装：只有一种对话框语言，没有实例。

③ 用户自定义安装：您可以确定安装范围，例如程序、数据库、实例和通信功能。

(5) 安装许可证密钥。安装期间，程序检查是否在硬盘上安装了相应的许可证密钥。如果没有找到有效的许可证密钥，将会显示一条信息，指示必须具有许可证密钥才能使用该软件。根据需要，可以选择"立即安装许可证密钥"或者"继续执行安装""以后再安装许可证密钥"。如果希望马上安装许可证密钥，那么在提示插入授权光盘时请插入授权光盘。

(6) PG/PC 接口设置。安装期间，会显示一个对话框，在此可以将参数分配给编程设备 PC 接口。如图 1-4-20 所示，可根据实际系统的通信方式来选择设置。

(7) 继续安装，出现提示界面都选择"默认设置"进行安装。安装完成后，提示重新启动电脑，按照提示完成重启。成功安装后，就会建立 STEP 7 程序组。

(8) 安装授权。STEP 7 的授权在光盘中。STEP 7 光盘上的程序 AuthorsW 用于显示、安装和取出授权。

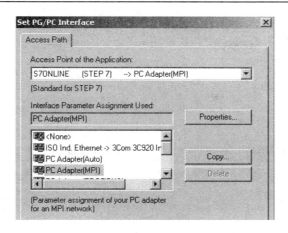

图 1-4-20 PG/PC 接口设置

安装完成后，在 Windows 的"开始"菜单中找到"SIMATIC"→"License Management"→"Automation License Manager"，启动 Automation License Manager 来查看已经安装的 STEP 7 软件和已经授权的软件，如图 1-4-21 及图 1-4-22 所示。

图 1-4-21 已经安装的软件

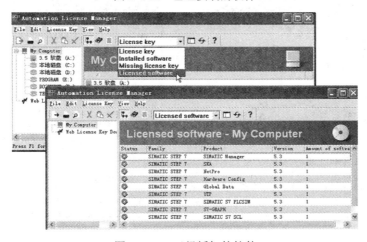

图 1-4-22 已经授权的软件

安装完授权文件后，STEP 7 软件就可以正常使用了。

8. 西门子 S7-300 PLC 编程软件的使用

1) SIMATIC 管理器界面

在操作系统任务栏中选择"开始"→"程序"→"SIMATIC"→"SIMATIC Manager"，启动 SIMATIC 管理器，也可通过桌面快捷方式"　　"双击打开。打开的 SIMATIC 管理器界面如图 1-4-23 所示。

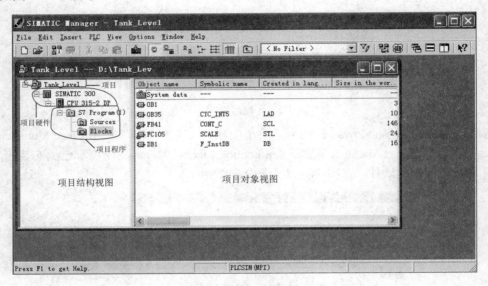

图 1-4-23　　SIMATIC 管理器界面

2) PG/PC 接口设置

程序保存编译之后，要把程序下载到 CPU 模块中，必须进行 PG/PC 接口设置，比如实际接口设备为 PC Adapter(MPI)，则具体操作过程如图 1-4-24 所示。PG/PC 接口参数设置如图 1-4-25 所示。

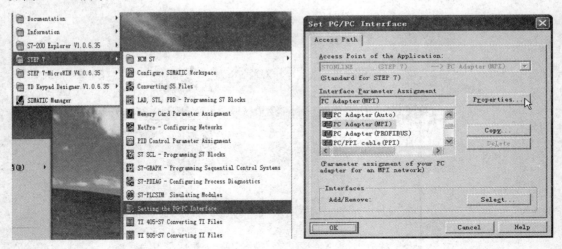

图 1-4-24　　PG/PC 接口设置

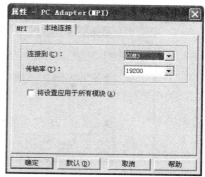

图 1-4-25　　PG/PC 接口参数设置

3) 程序编辑器的设置

进入程序编辑器后选择菜单命令"Options"→"Customize"，弹出的对话框如图 1-4-26 所示。

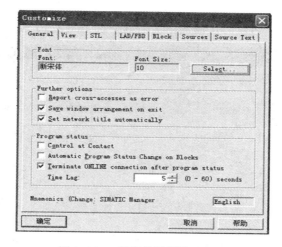

图 1-4-26　程序编辑器设置窗口

窗口中有 7 个子菜单，可以进行常用选项、窗口显示、语句表、梯形图/功能图、各种程序块、消息源、源文本等设置。以下是一些常用的选项设置：

(1) 在 General 标签页中，Font 标签用来设置字体及字体大小。

(2) 在 STL 和 LAD/FBD 标签页中，可以选择程序编辑器的显示特性。

(3) 在 Block(块)标签页中，可以选择生成功能块时是否同时生成背景数据块、功能块是否有多重背景功能。

(4) 在 View 标签页中的 View after Open Block 区，可选择块打开时的显示方式。

4) 西门子 S7-300 PLC 系统的编程步骤

项目中需要的设备：一个 CPU 315-2DP 主机模块、一个 SM331 模拟量输入模块和一个 SM332 模拟量输出模块，以及一块西门子 CP5611 专用网卡和一根 MPI 网线。

软件编程过程如下：

(1) 硬件组态。

● 系统组态。选择硬件机架，模块分配给机架中所需的插槽，如图 1-4-27 所示。

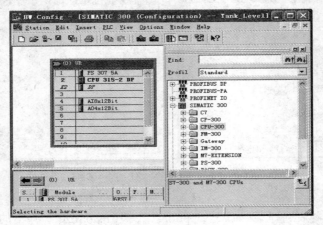

图 1-4-27　系统组态

● 设置 CPU 的参数。

● 设置模块的参数，可以防止输入错误的数据，如图 1-4-28 所示。

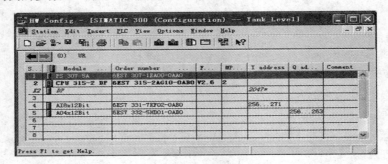

图 1-4-28　设置模块参数

(2) 通信组态。

● 网络连接的组态和显示。在 SIMATIC 软件的管理器界面中，选择用菜单命令"Options"→"Configure Network"，在打开的对话框中进行网络连接的组态和设置，如图 1-4-29 所示为 MPI 连接方式。

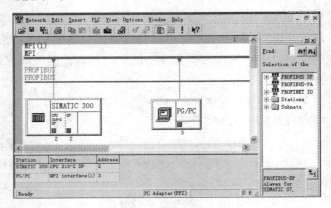

图 1-4-29　MPI 网络连接组态

● 设置用 MPI 或 PROFIBUS-DP 连接的设备之间的周期性数据传送的参数。以 MPI 连接设置为例来进行说明，双击图 1-4-29 中左下方站和接口设置，会弹出设置 MPI 接口数据传输率等参数的界面，如图 1-4-30 所示。

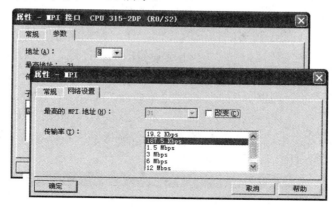

图 1-4-30 设置 MPI 网络连接参数

● 设置用 MPI、PROFIBUS 或工业以太网实现的事件驱动的数据传输，用通信模块编程。

(3) 硬件下载。一般在硬件组态完成之后要进行硬件下载，具体操作是在 SIMATIC 软件的管理器界面中，选中 SIMATIC PLC 站，在系统工具栏中点击下载图标 ，然后根据提示完成硬件下载。

(4) 编写程序。

① 编程语言：有梯形图(LAD)、功能块图(FBD)和语句表(STL)。

② PLC 工作过程：PLC 采用循环执行用户程序的方式。OB1 是用于循环处理的组织块(主程序)，它可以调用其他逻辑块，或被中断程序(组织块)中断。

在启动完成后，不断地循环调用 OB1，在 OB1 中可以调用其他逻辑块(FB、SFB、FC 或 SFC)。循环程序处理过程可以被某些事件中断。在循环程序处理过程中，CPU 并不直接访问 I/O 模块中的输入地址区和输出地址区，而是访问 CPU 内部的输入/输出过程映像区，批量输入、批量输出。

③ 基本数据类型。

● 位(bit)：位数据的数据类型为 BOOL(布尔)型。

● 字节(Byte)：由 8 个位组成。

● 字(Word)：表示无符号数，取值范围为 W#16#0000～W#16#FFFF。

● 双字(Double Word)：表示无符号数，取值范围为 DW#16#0000_0000～DW#16#FFFF_FFFF。

● 16 位整数(INT, Integer)：有符号数，补码。其最高位为符号位，为 0 时是正数，取值范围为 −32 768～32 767。

● 32 位整数(DINT, Double Integer)：最高位为符号位，取值范围为 −2 147 483 648～2 147 483 647。

● 32 位浮点数：浮点数又称作实数(REAL)，表示为 $1.m \times 2^E$，例如，123.4 可表示为 1.234×10^2。根据 ANSI/IEEE 标准浮点数 $= 1.m \times 2^e$ 式中指数 $e = E + 127 (1 \leqslant e \leqslant 254)$，E 为 8 位正

整数。

● ANSI/IEEE 标准浮点数：占用一个双字(32 位)。

因为规定尾数的整数部分总是 1，只保留尾数的小数部分 m(0～22 位)。浮点数的表示范围为 $\pm 1.175\ 495 \times 10^{-38} \sim \pm 3.402\ 823 \times 10^{38}$。

(5) 下载与上载。下载过程与硬件下载过程一样，但应注意的是，在对程序部分内容进行修改后，可以在程序编辑器界面中单击选择修改的程序块，然后用 工具进行程序的下载更新。

在 SIMATIC 软件的管理器界面中，执行菜单命令"PLC"→"Upload Station to PG…"，在弹出的界面中进行 CPU 模块机架号和槽号选择，默认 CPU 机架号为 0，槽号为 2。更新后，在界面下面空白处会出现对应 CPU 所在站点名称和模块名称，确认无误后点击"OK"按钮，进行程序上载，如图 1-4-31 所示。

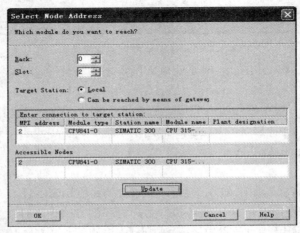

图 1-4-31　程序上载

(6) 系统诊断。程序下载完成后，在 SIMATIC 软件的管理器界面中，执行菜单命令"PLC"→"Diagnostic/Setting"，在下拉菜单中执行对应的诊断操作。

① 快速浏览 CPU 的数据和用户程序在运行中的产生故障的原因。

② 用图形方式显示硬件配置、模块故障，并显示诊断缓冲区的信息等。图 1-4-32 所示为系统硬件配置及模块诊断。

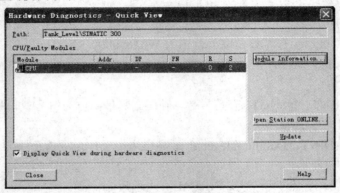

图 1-4-32　系统硬件配置及模块诊断

五、实操考核

项目考核采用步进式考核方式，考核内容如表 1-4-11 所示。

表 1-4-11　项目考核表

学　号		1	2	3	4	5	6	7	8	9	10
姓　名											
考核内容进程分值	S7-300 PLC 组成及结构(10 分)										
	S7-300 PLC 模块种类(10 分)										
	硬件选型(10 分)										
	PID 模块(15 分)										
	控制算法(10 分)										
	软件编程(20 分)										
	系统调试(25 分)										
扣分	安全文明										
	纪律卫生										
总　评											

六、注意事项

(1) 西门子 S7-300 PLC 系统在硬件组态时，要注意与实际选择的硬件模块型号一致。

(2) 西门子 S7-300 PLC 系统在硬件组态时，要注意模块起始地址的分配。

(3) 西门子 S7-300 PLC 系统在硬件组态时，网络通信设置必须与实际通信方式一致。

(4) 西门子 S7-300 PLC 系统下载程序之前必须要使计算机与 CPU 之间建立起连接，并且待下载的程序须已编译好。

(5) 西门子 S7-300 PLC 系统在 RUN-P 模式下一次只能下载一个块，建议在 STOP 模式下下载。

七、系统调试

(1) 检查安装西门子 S7-300 PLC 系统编程软件的硬件接口。必须确保 STEP 7 的硬件接口为 PC/MPI 适配器加上 RS-232C 通信电缆。

(2) 检查 STEP 7 软件的安装。

① 在 Windows 2000 或 Windows XP 操作系统下安装软件。在 STEP 7 安装软件中，双击"SETUP.EXE"文件开始安装。首先选择安装语言为"English"，在安装方式提示窗口中选择"Custom"。

② 按照 STEP 7 软件安装提示一步步进行，注意在出现的提示窗口中选择所需要的安

装程序，一般选择"STEP 7 V5.3""S7-GRAPH V5.3""S7-PLCSIM""Automation Licence Manager V1.1"。

③ 正确地设置 PG/PC 接口。根据实际系统的通信方式来选择设置，建议使用 PC Adapter(MPI)方式。

(3) 检查许可证密钥是否正确安装。

在 Windows 的"开始"菜单中选择"SIMATIC"→"License Management"→"Automation License Manager"，启动 Automation License Manager 查看已经安装的 STEP 7 软件是否已对应安装授权文件。未安装的软件需要在授权安装中重新查找安装。

(4) 使用 STEP 7 软件编写简单程序，编译下载，仿真调试。完成程序的编译下载后，用仿真软件"S7-PLCSIM"模拟输入/输出通道信号来观察软件各系统功能的运行情况。

模块一思考题

1. 简述计算机控制系统的组成，并画出系统框图。
2. 简述计算机控制系统的分类。
3. 简述直接数字控制系统的特点。
4. 简述集散控制系统的组成与特点。
5. 简述现场总线控制系统的组成与特点。
6. 计算机控制系统输入输出通道各有什么作用？
7. 什么是集散控制系统？其基本设计思想是什么？
8. MCGS 组态软件由哪几部分构成？
9. 组建 MCGS 工程的步骤有哪些？
10. 西门子 S7-300 系列 PLC 的硬件系统由哪几部分组成？
11. 用 GX Developer 编程软件下载程序时，数据传输采用串行传输还是并行传输？
12. 如果 PLC 程序有错误，程序能正常下载吗？
13. 为什么程序在下载之前要进行变换？
14. S7-300 系列 PLC 常用输入、输出模块有哪几种？各适用于哪些场合？

思考题参考答案

模块二　MCGS 开关量组态工程

　　本模块主要介绍多种开关量 MCGS 监控系统的构建方法，分别对按钮指示灯控制系统，基于泓格 i-7060 模块的交通灯控制系统，电动机正、反转控制系统，灯塔控制系统，抢答器控制系统，搅拌机控制系统，MCGS 对 PLC 硬件的虚拟扩展的组成、工作原理、MCGS 组态方法及统调等作详细的介绍。

　　另外，本模块编者提供了相关工程的 PLC 程序和 MCGS 工程，有需要的读者可以进入出版社网站，在本书"图书详情"页面的"相关资源"处免费下载。

项目一　　按钮指示灯控制系统

本项目主要讨论按钮指示灯控制系统的组成、工作原理、PLC程序设计与调试、MCGS组态方法及统调等内容，使学生具备组建简单计算机监督控制系统的能力。

一、学习目标

1. 知识目标

(1) 掌握按钮指示灯控制系统的控制要求。

(2) 掌握按钮指示灯控制系统的硬件接线。

(3) 掌握按钮指示灯控制系统的通信方式。

(4) 掌握按钮指示灯控制系统的控制原理。

(5) 掌握按钮指示灯控制系统的程序设计方法。

(6) 掌握按钮指示灯控制系统的组态设计方法。

2. 能力目标

(1) 初步具备按钮指示灯控制系统的分析能力。

(2) 初步具备PLC按钮指示灯控制系统的设计能力。

(3) 初步具备按钮指示灯控制系统PLC程序的设计能力。

(4) 初步具备按钮指示灯控制系统的组态能力。

按钮指示灯控制系统1

(5) 初步具备按钮指示灯控制系统PLC程序与组态的统调能力。

二、要求学生必备的知识与技能

1. 必备知识

(1) PLC应用技术基本知识。

(2) 数字量输入通道基本知识。

(3) 数字量输出通道基本知识。

(4) 闭环控制系统基本知识。

(5) 组态技术基本知识。

2. 必备技能

(1) 数字量输入通道构建的基本技能。

(2) 数字量输出通道构建的基本技能。

(3) 熟练的PLC接线操作技能。

(4) 熟练的PLC编程调试技能。

(5) 计算机监督控制系统的组建能力。

三、相关知识

1. 数字信号的处理

在计算机控制系统中，生产过程与计算机之间是通过输入/输出通道连接起来的。输入通道将生产过程中的数字信号或模拟信号转换成计算机能够接收的数字信号，传送到计算机中去处理；输出通道将计算机的控制信号转换为现场设备能够接收的信号，去控制生产过程的自动运行。

要实现对生产过程的控制，对于数字量来说，首先要将现场的各种数字信号经数字量输入通道，转换成计算机能够接收的数字信号后再送到计算机，计算机进行处理后输出数字控制信号，经数字量输出通道进行电平转换后去控制现场的设备。

2. 数字量输入信号的处理

计算机不能直接接收生产现场的状态量(如开关、电平高低、脉冲量等)，因此，必须通过输入通道将状态信号转变为数字量再送入计算机。

典型的开关量输入通道通常由信号变换电路、整形电路、电平变换电路和接口电路等几部分组成。信号变换电路将过程的非电开关量转换为电压或电流的高低逻辑值。整形电路将混有干扰毛刺的输入高低逻辑信号或其信号前后沿不合要求的输入信号整形为接近理想状态的方波或矩形波，然后再根据系统要求变换为相应形状的脉冲。电平变换电路将输入的高低逻辑电平转换为与 CPU 兼容的逻辑电平。接口电路协调通道的同步工作，向 CPU 传递状态信息。

过程开关量(数字量)大致可分为三种形式：机械有触点开关量、电子无触点开关量和非电量开关量。不同的开关量要采用不同的变换方法。

3. 数字量输出信号的处理

数字信号的输出必须通过数字量输出通道。数字量输出通道的任务是根据计算机输出的数字信号去控制接点的通、断或数字式执行器的启、停等，简称 DO (Digital Output) 通道。根据被控对象的不同，其输出的数字控制信号的形态及相应的配置也不相同。其中最为常用的数字控制信号是开关量信号和脉冲量信号，图 2-1-1 为开关量输出通道的结构框图。

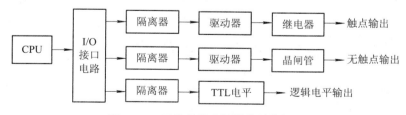

图 2-1-1　开关量输出通道的结构框图

隔离器一般采用光电隔离器，如 TLP521 系列光电隔离器；输出驱动器将计算机输出的信号进行功率放大，以满足被控对象的要求；继电器、晶闸管(或大功率晶体管)、TTL电平输出等为需要开关量控制信号的执行机构，通过这些开关器件的通、断可控制被控对象。

在实际应用中，有些执行器需要按一定的时间顺序来启动和关闭，这类元件需采用一系列电脉冲来控制，这种将计算机发出的控制指令转变成一系列按时间关系连续变化的开关动作的脉冲信号的电路，称为输出通道，它一般具有可编程和定时中断等功能。

四、理实一体化教学任务

理实一体化教学任务见表 2-1-1。

表 2-1-1　理实一体化教学任务

任务一	按钮指示灯控制系统控制要求
任务二	按钮指示灯控制系统实训设备基本配量及控制接线图
任务三	按钮指示灯控制系统 I/O 分配
任务四	按钮指示灯控制系统的组成及控制原理
任务五	按钮指示灯控制系统 PLC 控制程序
任务六	按钮指示灯控制系统的组态

五、理实一体化教学步骤

1. 按钮指示灯控制系统控制要求

按钮指示灯控制系统由启动按钮、停止按钮和指示灯组成，如图 2-1-2 所示，按下启动按钮 SB1，指示灯亮；按下停止按钮 SB2，指示灯熄灭。

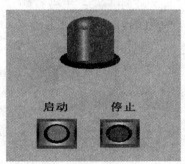

图 2-1-2　按钮指示灯控制系统

2. 按钮指示灯控制系统实训设备基本配置及控制接线图

(1) 实训设备基本配置：

按钮指示灯系统	一套
24 V 直流稳压电源	一台
RS-232 转换接头及传输线	一根
MCGS 运行狗	一个
计算机	一台/人
三菱 FX_{2N} 系列 PLC	一台

(2) 三菱 FX_{2N} 系列 PLC 控制系统接线图如图 2-1-3 所示。

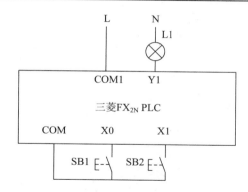

图 2-1-3　三菱 FX$_{2N}$ 系列 PLC 按钮指示灯控制系统接线图

在该控制系统接线中，计算机与三菱 FX$_{2N}$ 系列 PLC 之间采用 RS-232 接线方式，启动按钮 SB1 接 PLC 的 X0，停止按钮 SB2 接 PLC 的 X1，指示灯接 PLC 的 Y1。

3. 按钮指示灯控制系统 I/O 分配

按钮指示灯控制系统 I/O 分配见表 2-1-2。

表 2-1-2　按钮指示灯控制系统 I/O 分配

PLC 中 I/O 口分配		注　释	MCGS 实时数据对应的变量
元件	地址		
SB1	X0	启动	
SB2	X1	停止	
	M1	启动	M1
	M2	停止	M2
L1	Y1	指示灯	Y1

4. 按钮指示灯控制系统的组成及控制原理

按下启动按钮 SB1 后，接在 PLC 上的指示灯点亮，同时 MCGS 组态界面的指示灯点亮；按下停止按钮 SB2 后，接在 PLC 上的指示灯熄灭，同时 MCGS 组态界面的指示灯熄灭。在 MCGS 组态界面，按下启动按钮，接在 PLC 上的指示灯点亮，同时 MCGS 组态界面的指示灯点亮；按下停止按钮，接在 PLC 上的指示灯熄灭，同时 MCGS 组态界面的指示灯熄灭。

5. 按钮指示灯控制系统 PLC 控制程序

按钮指示灯控制系统 PLC 控制程序如图 2-1-4 所示。

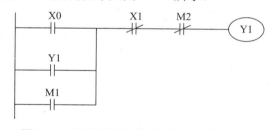

图 2-1-4　按钮指示灯控制系统 PLC 控制程序

6. 按钮指示灯控制系统的组态

1) 新建工程

(1) 打开 MCGS 组态环境。依次选择"开始"→"程序"→"MCGS 组态软件"→"MCGS 组态环境"菜单项，打开 MCGS 组态环境。

(2) 新建工程。选择"文件"→"新建工程"菜单项，新建 MCGS 工程，如图 2-1-5 所示。

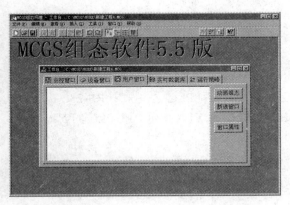

按钮指示灯控制系统 2

图 2-1-5　新建工程界面

(3) 工程命名。将工程以"按钮指示灯控制系统.MCG"为文件名保存在相应的文件夹下。

2) 数据库组态

数据库规划：实时数据库是 MCGS 系统的核心，也是应用系统的数据处理中心。系统各部分均以实时数据库为数据公用区，进行数据交换、数据处理并实现数据的可视化处理。按钮指示灯控制系统数据库规划见表 2-1-3。

表 2-1-3　按钮指示灯控制系统数据库规划

变量名	类　型	注　释
Y1	开关型	指示灯
M1	开关型	启动
M2	开关型	停止

定义对象：

(1) 单击工作台中的"实时数据库"标签，进入实时数据库窗口，如图 2-1-6 所示。

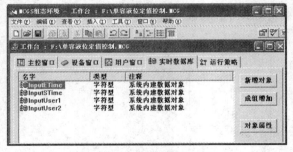

图 2-1-6　实时数据库窗口

(2) 单击"新增对象"按钮，在窗口的数据对象列表中增加新的数据对象，系统缺省定义的名称为"Data1""Data2""Data3"等(多次点击该按钮，则可增加多个数据对象)。

(3) 选中对象，单击"对象属性"按钮，或双击选中对象，则会打开数据对象属性设置窗口。

(4) 如图 2-1-7 所示，将对象名称改为 M1，对象类型选择为开关型；在对象内容注释输入框内输入"启动"，然后单击"确认"按钮。

按照上述步骤，依次创建图 2-1-8 所列的数据对象。

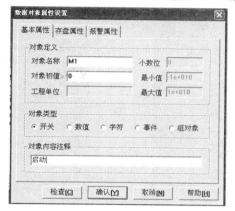

图 2-1-7　对象属性设置

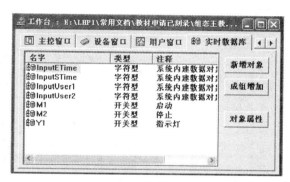

图 2-1-8　按钮指示灯控制系统数据库规划

3) 设备组态

(1) 打开工作台中的"设备窗口"标签，双击设备窗口；在空白处单击鼠标右键，打开"设备工具箱"；单击"设备管理"，在弹出的设备管理窗口中选择"PLC 设备→三菱→三菱 FX-232"，添加如图 2-1-9 所示的设备。

(2) 双击"设备 0-[三菱 Fx-232]"，在弹出的"设备属性设置"窗口中选择"基本属性"中的"设置设备内部属性"，右击[...]，添加相应的 PLC 通道。按钮指示灯控制系统 PLC 属性设置如图 2-1-10 所示。

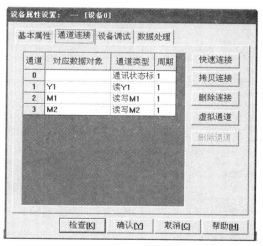

图 2-1-9　按钮指示灯控制系统设备窗口组态　　　图 2-1-10　按钮指示灯控制系统 PLC 属性设置

4) 用户窗口组态

本窗口主要用于设置工程中人机交互的界面，可生成各种动画显示画面、报警输出、数据与曲线图表等。

(1) 窗口的创建：

① 单击"用户窗口"标签，选择新建窗口，在窗口属性中将窗口名称改为"按钮指示灯控制系统"，如图 2-1-11 所示。

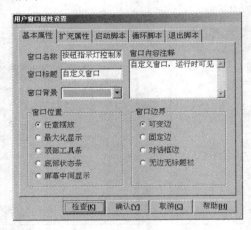

图 2-1-11　用户窗口属性设置

② 单击"确认"按钮，弹出如图 2-1-12 所示的用户窗口总貌图。

图 2-1-12　用户窗口总貌图

③ 双击"按钮指示灯控制系统"，打开监控组态界面，如图 2-1-13 所示。

图 2-1-13　监控组态界面

(2) 按钮的绘制：

① 单击工具栏中的图标，打开工具栏，选择"插入元件"→"按钮"→"按钮73"，

如图 2-1-14 所示，将所选的按钮放在动画组态界面上。(此项可将各种仪器仪表放在动画组态界面上。)

②　选中插入的元件，单击鼠标右键，在弹出的快捷菜单中选择"排列"→"分解图符(或分解单元)"项，将设备分解为多个图符，如图 2-1-15 所示。

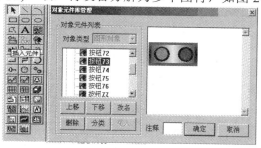

图 2-1-14　插入元件

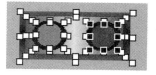

图 2-1-15　分解单元

③　删除多余的线条，绘制与现场一样的设备，相关的操作在快捷菜单中实现(主要在"排列"菜单中完成)，如图 2-1-16 所示。

④　每个现场设备绘制完成后，选择"排列"→"合成图符(或合成分解单元)"，再将其分别合成为一个图符，如图 2-1-17 所示。

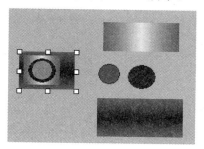

图 2-1-16　绘制现场设备

图 2-1-17　设备合成

(3) 文本的绘制：

①　单击工具条中的"工具箱"按钮，打开绘图工具箱。选择"工具箱"内的"标签"按钮，鼠标的光标呈"十"字形，在窗口顶端中心位置拖曳鼠标，根据需要拉出一个一定大小的矩形，在光标闪烁位置输入文字"启动"，按回车键或在窗口任意位置用鼠标单击一下，文字即输入完毕。双击文本框，设置属性，可修改填充颜色和字符颜色，如图 2-1-18 所示。

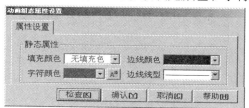

图 2-1-18　文本框属性设置

②　按步骤①中的方法绘制其他文本。

(4) 绘制流程图：利用工具箱绘出其他动画组件，然后进行组合和设置，最终绘制出如图 2-1-2 所示的按钮指示灯控制系统图。

(5) 数据连接:

① 启动按钮的数据连接如图 2-1-19 所示。

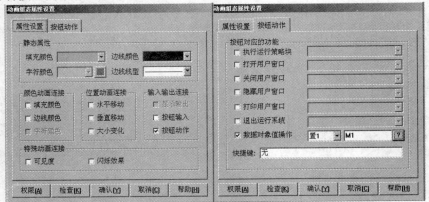

图 2-1-19　启动按钮的数据连接

② 停止按钮的数据连接如图 2-1-20 所示。

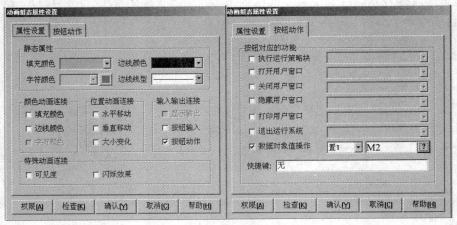

图 2-1-20　停止按钮的数据连接

③ 指示灯的数据连接如图 2-1-21 所示。

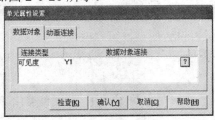

图 2-1-21　指示灯的数据连接

六、实操考核

项目考核采用步进式考核方式,考核内容见表 2-1-4。

表 2-1-4　项目考核表

学　号		1	2	3	4	5	6	7	8	9	10	11
姓　名												
考核内容进程分值	硬件接线(5 分)											
	控制原理(10 分)											
	PLC 程序设计(20 分)											
	PLC 程序调试(10 分)											
	数据库组态(10 分)											
	设备组态(10 分)											
	用户窗口组态(25 分)											
	系统统调(10 分)											
扣分	安全文明											
	纪律卫生											
总　评												

七、注意事项

(1) 按钮指示灯控制系统 MCGS 组态界面要美观、新颖、有创意。

(2) 按钮指示灯控制系统组态的连接必须与 PLC 的 I/O 口一一对应。

(3) PLC 程序要按按钮指示灯控制系统的控制要求进行设计。

(4) 按钮指示灯控制系统 MCGS 监控界面要尽可能包含 PLC 的输入点和输出点。

(5) MCGS 监控界面要实现按钮指示灯控制系统控制过程的模拟。

八、系统调试

(1) 按钮指示灯控制系统 PLC 程序调试。反复调试 PLC 程序，直到达到按钮指示灯控制系统的控制要求为止。

(2) MCGS 仿真界面调试。

① 运行初步调试正确的 PLC 程序。

② 进入 MCGS 运行界面，调试 MCGS 组态界面，观察显示界面是否达到按钮指示灯控制系统的控制要求，根据按钮指示灯控制系统的显示需求添加必要的动画，根据动画要求修改 PLC 程序。

(3) 反复调试，直到组态界面和 PLC 程序都达到要求为止。

(4) 调试中的常见问题及解决方法：

① 常见问题：程序在 PLC 中能正常运行但与组态连接时程序就无法正常执行。

解决方法：在实时数据库中解决数据交叉使用的现象。

② 常见问题：组态界面灯的闪烁不符合程序逻辑。

解决方法：在属性设置中添加可见度设置，删除脚本程序。

项目二　基于泓格 i-7060 模块的交通灯控制系统

本项目主要讨论基于泓格 i-7060 模块的交通灯控制系统的组成、工作原理、MCGS 组态方法及统调等内容，使学生具备组建简单计算机直接数字控制系统的能力。

一、学习目标

1. 知识目标

(1) 掌握定时器构件的基本知识。

(2) 掌握交通灯控制系统的控制要求。

(3) 掌握交通灯控制系统的硬件接线。

(4) 掌握交通灯控制系统的通信方式。

(5) 掌握交通灯控制系统的控制原理。

(6) 掌握交通灯控制系统的组态设计方法。

(7) 掌握交通灯控制系统的策略组态方法。

(8) 掌握交通灯控制系统的脚本程序的设计方法。

2. 能力目标

(1) 初步具备定时器构件的使用技能。

(2) 初步具备交通灯控制系统的分析能力。

(3) 初步具备交通灯控制系统的组态能力。

(4) 初步具备交通灯控制系统的统调能力。

二、要求学生必备的知识与技能

1. 必备知识

(1) 计算机直接数字控制系统的基本知识。

(2) 数字量输入通道的基本知识。

(3) 数字量输出通道的基本知识。

(4) 组态技术的基本知识。

2. 必备技能

(1) 数字量输入通道构建的基本技能。

(2) 数字量输出通道构建的基本技能。

(3) 计算机直接数字控制系统的组建能力。

三、相关知识

1. 泓格 i-7060 开关量输入/输出模块简介

泓格 i-7060 模块是利用 RS-485 接口与上位机进行通信的 4 通道共源极隔离数字量输

入/4 通道继电器输出模块；数字量输入逻辑电平 0 最大为+1 V，逻辑电平 1 在 3.5～30 V
之间，输入阻抗为 3 kΩ、0.5 W。数字量输出 2 路 A 型继电器，单刀单掷(常开)；2 路 C 型
继电器，单刀双掷，干接点。其具体接线端子如图 2-2-1 所示。

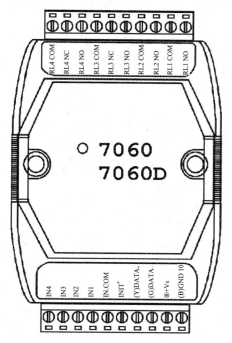

图 2-2-1　泓格 i-7060 开关量输入/输出模块引脚图

2. 泓格 i-7060 模块结构原理

泓格 i-7060 模块结构原理图如图 2-2-2 所示。

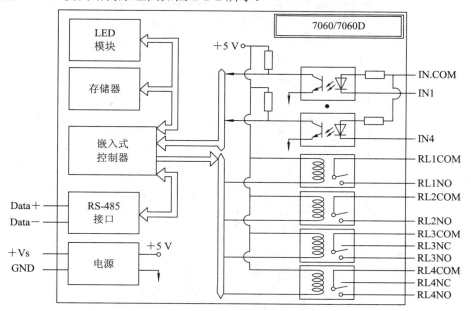

图 2-2-2　泓格 i-7060 模块结构原理图

3. 泓格 i-7060 开关量输入接线方式

泓格 i-7060 开关量输入接线方式如图 2-2-3 所示。

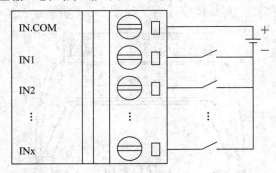

图 2-2-3　泓格 i-7060 开关量输入接线方式

4. 泓格 i-7060 开关量输出接线方式

泓格 i-7060 开关量输出接线方式如图 2-2-4 所示。

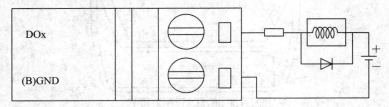

图 2-2-4　泓格 i-7060 开关量输出接线方式

5. 定时器构件基本知识

定时器构件基本属性设置如图 2-2-5 所示。

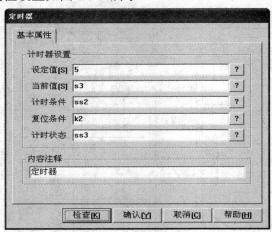

图 2-2-5　定时器构件基本属性设置

1) 定时器设定值

定时器设定值对应一个表达式，用表达式的值作为定时器的设定值。当定时器的当前值大于等于设定值时，本构件的条件一直满足。定时器的时间单位为 s，但可以设置成小数，以处理 ms 级的时间。如设定值没有建立连接或把设定值设为 0，则构件的条件永远不成立。

2) 定时器当前值

当前值和一个数值型的数据对象建立连接，每次运行到本构件时，把定时器的当前值赋给对应的数据对象。若没有建立连接，则不进行处理。

3) 计时条件

计时条件对应一个表达式，当表达式的值为非零时，定时器进行计时；当表达式的值为零时，则停止计时。如没有建立连接，则认为时间条件永远成立。

4) 复位条件

复位条件对应一个表达式，当表达式的值为非零时，对定时器进行复位，使其从 0 开始重新计时；当表达式的值为 0 时，定时器一直累计计时，到达最大值 65 535 后，定时器的当前值一直保持该数，直到复位条件成立。如复位条件没有建立连接，则认为定时器计时到设定值、构件条件满足一次后，将自动复位重新开始计时。

5) 计时状态

与开关型数据对象建立连接，把计时器的计时状态赋给数据对象。当前值小于设定值时，计时状态为 0；当前值大于等于设定值时，计时状态为 1。

四、理实一体化教学任务

理实一体化教学任务见表 2-2-1。

表 2-2-1　理实一体化教学任务

任务一	交通灯控制系统的控制要求
任务二	交通灯控制系统实训设备的基本配置及控制接线图
任务三	交通灯控制系统的 I/D 分配
任务四	交通灯控制系统的组成及控制原理
任务五	交通灯控制系统的组态

五、理实一体化教学步骤

1. 交通灯控制系统的控制要求

设计十字路口交通灯控制系统，具体控制要求如下：

(1) 南北红灯亮，东西绿灯亮，持续 30 s。

(2) 所有黄灯亮，持续 5 s。

(3) 南北绿灯亮，东西红灯亮，持续 30 s。

(4) 所有黄灯亮，持续 5 s。

(5) 从头开始循环。

2. 交通灯控制系统实训设备的基本配置及控制接线图

(1) 实训设备基本配置：

交通灯系统　　　　　　　　　　　　　　　一套

24 V 直流稳压电源　　　　　　　　　　　　一台

RS-232 转换接头及传输线　　　　　　　　　一根

MCGS 运行狗	一个
计算机	一台/人
泓格 i-7060 开关量输入/输出模块	一块

(2) 泓格 i-7060 模块与上位机之间通过 RS-485 通信协议连接。

(3) 交通灯控制系统接线图如图 2-2-6 所示。

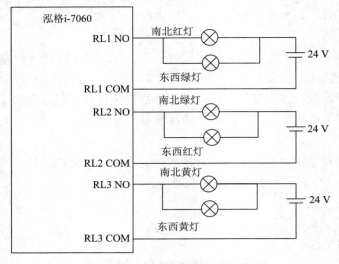

图 2-2-6　交通灯控制系统接线图

在该控制系统接线中,南北红灯、东西绿灯接 RL1 NO,南北绿灯、东西红灯接 RL2 NO,所有黄灯接 RL3 NO。

3. 交通灯控制系统的 I/O 口分配

交通灯控制系统的 I/O 口分配见表 2-2-2。

表 2-2-2　交通灯控制系统的 I/O 口分配

泓格 i-7060 中 I/O 口分配		注　释	MCGS 实时数据对应的
元件	地址		变量
RL1	NO	南北红灯、东西绿灯	red
RL2	NO	南北绿灯、东西红灯	green
RL3	NO	所有黄灯	yellow

4. 交通灯控制系统的组成及控制原理

进入 MCGS 运行环境,交通灯控制系统即可开始工作,在启动脚本的作用下,南北红灯、东西绿灯点亮,定时器 1 开始工作;当循环脚本检测到定时器 1 计时时间到时,南北红灯、东西绿灯灭,所有黄灯点亮,定时器 2 开始计时;定时器 2 计时时间到时,所有黄灯灭,南北绿灯、东西红灯点亮,定时器 3 开始计时;定时器 3 计时时间到时,南北绿灯、东西红灯灭,所有黄灯点亮,定时器 4 开始计时;定时器 4 计时时间到时,程序从头开始,循环不止。

5. 交通灯控制系统的组态

1) 新建工程

选择"文件"→"新建工程"菜单项,新建"交通灯控制系统.MCG"工程文件。

2) 数据库组态

交通灯控制系统数据库规划见图 2-2-7(变量的创建可参考本模块中的项目一)。

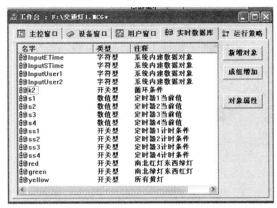

图 2-2-7　交通灯控制系统数据库规划

3) 设备组态

(1) 打开工作台中的"设备窗口"标签，双击设备窗口，在空白处单击鼠标右键，打开"设备工具箱"，添加如图 2-2-8 所示的设备。

图 2-2-8　交通灯控制系统设备窗口组态

(2) 泓格 i-7060 属性设置如图 2-2-9 所示。

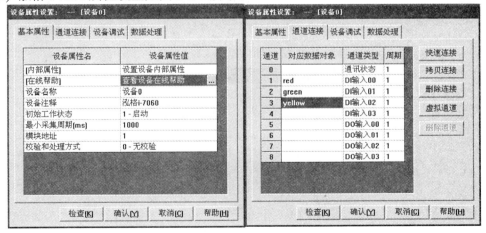

图 2-2-9　泓格 i-7060 属性设置

4) 用户窗口组态

(1) 打开"用户窗口"，创建交通灯控制系统窗口。

(2) 流程图组态。双击交通灯控制系统窗口，打开动画组态界面，绘制如图 2-2-10 所示的图形(可参考本模块中的项目一)。

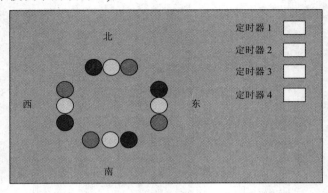

图 2-2-10　交通灯控制系统流程图

(3) 南北红灯、东西绿灯的属性设置如图 2-2-11 所示。

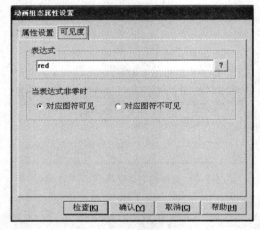

图 2-2-11　南北红灯、东西绿灯的属性设置

(4) 南北绿灯、东西红灯的属性设置如图 2-2-12 所示。

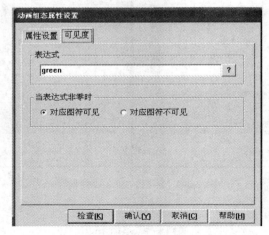

图 2-2-12　南北绿灯、东西红灯的属性设置

(5) 所有黄灯的属性设置如图 2-2-13 所示。

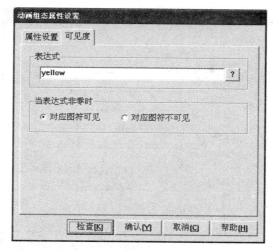

图 2-2-13 所有黄灯的属性设置

5) 策略组态

(1) 打开"运行策略"标签页，双击"循环策略"，在属性设置中将定时循环执行时间改为 70 s，新建如图 2-2-14 所示的策略。

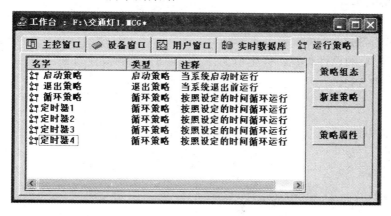

图 2-2-14 新建策略

(2) 双击定时器 1，进入策略组态，单击鼠标右键选择"新增策略行"，打开策略工具箱，选择"定时器"，在策略行的方框中点击，将定时器添加到策略行中，如图 2-2-15 所示。

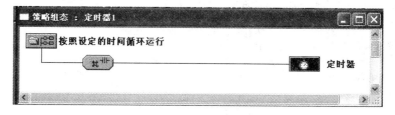

图 2-2-15 添加策略

(3) 定时器 1 的基本属性设置如图 2-2-16 所示。

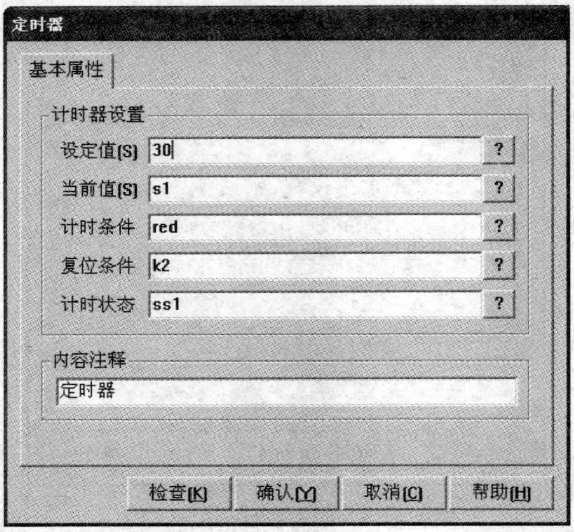

图 2-2-16　定时器 1 的属性设置

(4) 定时器 2 的属性设置：设定值为 5，当前值为 S2，计时条件为 ss1，复位条件为 K2，计时状态为 SS2。

(5) 定时器 3 的属性设置：设定值为 30，当前值为 S3，计时条件为 ss2，复位条件为 K2，计时状态为 SS3。

(6) 定时器 4 的属性设置：设定值为 5，当前值为 S4，计时条件为 ss3，复位条件为 K2，计时状态为 SS4。

6) 脚本程序

(1) 启动脚本：

```
red=1
yellow=0
green=0
ss1=0
```

(2) 循环脚本：

```
if ss4=1 then
k2=1
else
k2=0
endif
if ss1=1 then
ss4=0
red=0
yellow=1
```

```
endif
if ss2=1 then
ss1=0
yellow=0
green=1
endif
if ss3=1 then
ss2=0
green=0
yellow=1
endif
if ss4=1 then
ss3=0
red=1
yellow=0
endif
```

六、实操考核

项目考核采用步进式考核方式，考核内容见表 2-2-3。

表 2-2-3　项目考核表

学　　号		1	2	3	4	5	6	7	8	9	10	11
姓　　名												
考核内容进程分值	硬件接线(5 分)											
	控制原理(10 分)											
	数据库组态(10 分)											
	设备组态(10 分)											
	用户窗口组态(25 分)											
	策略组态(15 分)											
	脚本程序组态(15 分)											
	系统统调(10 分)											
扣分	安全文明											
	纪律卫生											
总　　评												

七、注意事项

(1) 交通灯控制系统 MCGS 组态界面要美观、新颖、有创意。

(2) 各个定时器的计时条件要符合交通灯的控制要求。

(3) 各个定时器的复位条件要符合交通灯的控制要求。

(4) 要在启动脚本中设定交通灯的初始条件。

八、系统调试

(1) MCGS 仿真界面调试。进入 MCGS 运行环境，观察交通灯的运行是否符合控制要求。如果不符合要求，则需检查定时器的设置与循环脚本，反复修改定时器的设置与循环脚本，直到达到控制要求为止。

(2) 交通灯控制系统调试。进入 MCGS 运行环境，观察交通灯硬件系统是否达到控制要求，如果有问题，则应检查硬件接线与设备组态，直到达到控制要求为止。

(3) 调试中的常见问题及解决方法：

① 常见问题：交通灯控制程序不能按控制的基本要求运行。

解决方法：修改各个定时器的计时条件。

② 常见问题：交通灯控制程序运行一遍后停止。

解决方法：在实时数据库中增加一个变量来控制各个定时器的复位。

项目三　电动机正、反转控制系统

本项目主要讨论电动机正、反转控制系统的组成、工作原理、PLC 程序设计与调试、MCGS 组态方法及统调等内容，使学生具备组建简单计算机监督控制系统的能力。

一、学习目标

1. 知识目标

(1) 掌握电动机正、反转控制系统的控制要求。

(2) 掌握电动机正、反转控制系统的硬件接线。

(3) 掌握电动机正、反转控制系统的通信方式。

(4) 掌握电动机正、反转控制系统的控制原理。

(5) 掌握电动机正、反转控制系统的 PLC 程序设计方法。

(6) 掌握电动机正、反转控制系统的组态设计方法。

2. 能力目标

(1) 初步具备电动机正、反转控制系统的分析能力。

(2) 初步具备 PLC 控制系统的设计能力。

(3) 初步具备 PLC 程序的设计能力。

(4) 初步具备电动机正、反转控制系统的组态能力。

(5) 初步具备 PLC 程序与组态的统调能力。

二、要求学生必备的知识与技能

1. 必备知识

(1) PLC 应用技术的基本知识。

(2) 电动机的基本知识。

(3) 电气控制的基本知识。

(4) 组态技术的基本知识。

2. 必备技能

(1) 熟练的电动机接线操作技能。

(2) 熟练的电气控制接线操作技能。

(3) 熟练的 PLC 接线操作技能。

(4) 熟练的 PLC 编程调试技能。

(5) 熟练的计算机监督控制系统的组建能力。

三、理实一体化教学任务

理实一体化教学任务见表 2-3-1。

表 2-3-1　理实一体化教学任务

任务一	电动机正、反转控制系统的控制要求
任务二	电动机正、反转控制系统的实训设备基本配置及接线
任务三	电动机正、反转控制交流的 I/D 分配
任务四	电动机正、反转控制系统的控制原理
任务五	电动机正、反转控制系统的 PLC 控制程序
任务六	电动机正、反转控制系统的组态

四、理实一体化教学步骤

1. 电动机正、反转控制系统的控制要求

不按停止按钮，直接按正、反转按钮即可改变电动机的转向，因此需要采用按钮互锁。为了减小正、反转换向时瞬间电流对电动机的冲击，应适当延长变换过程，即在正向运转状态时，先按停止按钮停止正转，几秒后再按反转按钮，使电动机反转。反转改为正转的过程与此相同。

2. 电动机正、反转控制系统的实训设备基本配置及接线

(1) 实训设备基本配置：

电动机	一台
交流接触器	两个
RS-232 转换接头及传输线	一根
MCGS 运行狗	一个
计算机	一台/人
西门子 S7-200 SMART PLC	一台

(2) 电动机正、反转控制系统接线图如图 2-3-1 所示。

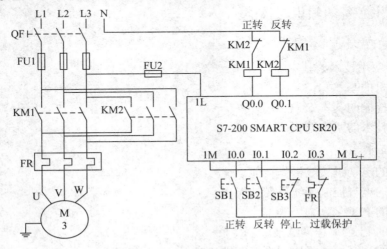

图 2-3-1　电动机正、反转控制系统接线图

(3) 电动机正、反转控制系统接线说明：对于不能同时通电工作的接触器，如正、反转控制接触器，仅依靠程序软件互锁是不够的，必须要有接触器常闭触点的硬件互锁。PLC

在写输出阶段，同一软件的常开与常闭触点是同时动作的，如果没有接触器硬件互锁，则会发生电源短路事故。在该控制系统接线中，计算机与西门子 S7-200 SMART CPU SR20 之间采用 RS-232 接线方式，KM1 为电动机正转接触器，KM2 为电动机反转接触器，SB1 为正转按钮，SB2 为反转按钮，SB3 为停止按钮，FR 为过载保护。所有的输入/输出点均送往 MCGS 监控界面，作为监控界面的控制参数。

3. 电动机正、反转控制系统的 I/O 口分配

电动机正、反转控制系统的 I/O 口分配见表 2-3-2。

表 2-3-2　电动机正、反转控制系统的 I/O 口分配

PLC 中 I/O 口分配		注　释	MCGS 实时数据库对应的变量
元件	地址		
KM1	Q0.0	正转	Q0.0
KM2	Q0.1	反转	Q0.1
SB1	I0.0	正转按钮	
SB2	I0.1	反转按钮	
SB3	I0.2	停止按钮	
FR	I0.3	过载保护	
	M0.1	正转按钮	M0.1
	M0.2	反转按钮	M0.2
	M0.3	停止按钮	M0.3

4. 电动机正、反转控制系统的控制原理

当按下正转按钮时，电动机开始正转，直到按下停止按钮后电动机才能停止转动；当按下反转按钮时，电动机开始反转，直到按下停止按钮后电动机才能停止转动。

5. 电动机正、反转控制系统的 PLC 控制程序

电动机正、反转控制系统的 PLC 控制程序见图 2-3-2。

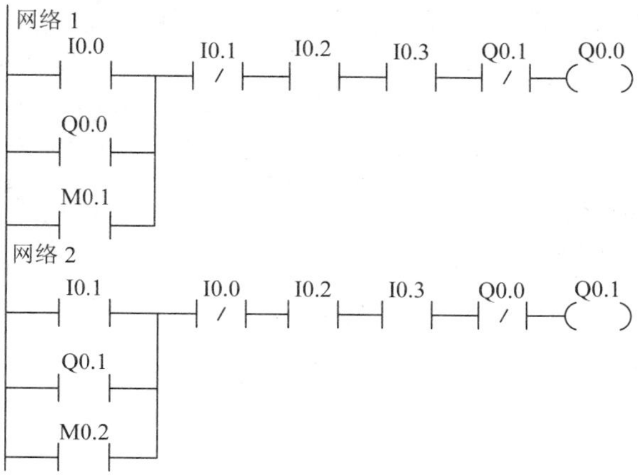

图 2-3-2　电动机正、反转控制系统的 PLC 控制程序

6. 电动机正、反转控制系统的组态

1) 新建工程

选择"文件"→"新建工程"菜单项，新建"电动机正、反转控制系统.MCG"工程文件。

2) 数据库组态

电动机正、反转控制系统的数据库规划如图2-3-3所示(可参考本模块中的项目一)。

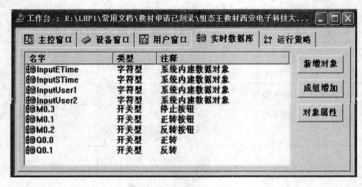

图 2-3-3　数据库规划

3) 设备组态

(1) 打开工作台中的"设备窗口"标签页，双击设备窗口，在空白处单击鼠标右键，打开"设备工具箱"，添加如图2-3-4所示的设备。

图 2-3-4　电动机正、反转控制系统设备窗口组态

(2) 电动机正、反转控制系统 PLC 通道连接属性设置如图2-3-5所示。

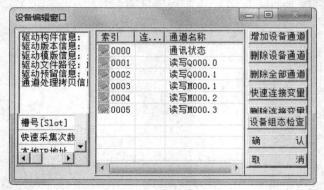

图 2-3-5　电动机正、反转控制系统 PLC 通道连接属性设置

4) 用户窗口组态

打开用户窗口，创建电动机正、反转控制系统窗口。

(1) 流程图组态。双击电动机正、反转控制系统窗口，打开动画组态界面，绘制如图

2-3-6 所示的图形(可参考本模块中的项目一)。

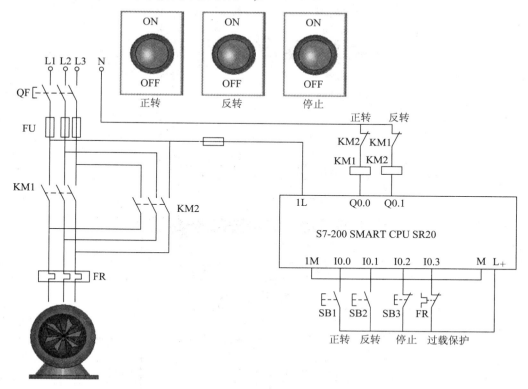

图 2-3-6　电动机正、反转控制系统流程图

所有触点闭合的状态用红色线条绘制，所有触点断开的状态用黑色线条绘制。KM1 红色线条连接实时数据库中的 Q0.0，KM2 红色线条连接实时数据库中的 Q0.1。

(2) 正、反转按钮的属性设置如图 2-3-7 所示。

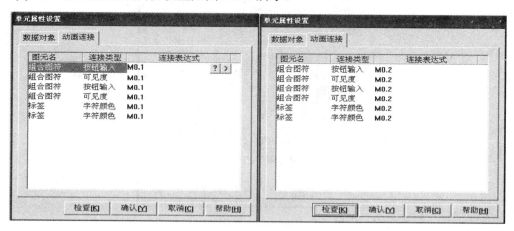

图 2-3-7　正、反转按钮的属性设置

(3) 停止按钮的属性设置如图 2-3-8 所示。

(4) 电动机叶轮的属性设置如图 2-3-9 所示。

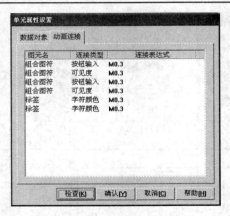

图 2-3-8　停止按钮的属性设置

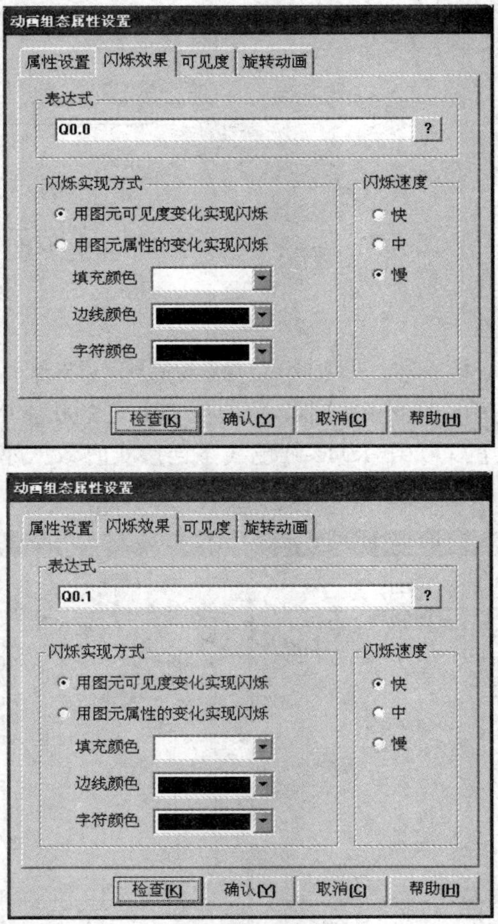

图 2-3-9　电动机叶轮的属性设置

五、实操考核

项目考核采用步进式考核方式，考核内容如表 2-3-3 所示。

表 2-3-3 项目考核表

	学　号	1	2	3	4	5	6	7	8	9	10	11	12	13
	姓　名													
考核内容进程分值	硬件接线(5 分)													
	控制原理(10 分)													
	PLC 程序设计(20 分)													
	PLC 程序调试(10 分)													
	数据库组态(10 分)													
	设备组态(10 分)													
	用户窗口组态(25 分)													
	系统统调(10 分)													
扣分	安全文明													
	纪律卫生													
	总　评													

六、注意事项

(1) 电动机正、反转接线一定要互锁。

(2) 为了减小瞬间电流对电动机的冲击，应适当延长正、反转换向变换过程。

(3) MCGS 组态界面的正转、反转、停止按钮要与中间继电器连接。

七、系统调试

(1) PLC 程序调试。反复调试 PLC 程序，直至达到电动机正、反转系统的控制要求。

(2) MCGS 仿真界面调试。

① 运行初步调试正确的电动机正、反转控制系统 PLC 程序。

② 进入 MCGS 运行界面，调试 MCGS 组态界面，观察显示界面是否达到电动机正、反转控制系统的控制要求，根据正、反转过程的需求添加必要的动画，根据动画要求修改 PLC 程序。

(3) 反复调试，直到组态界面和 PLC 程序都达到控制要求为止。

(4) 调试中的常见问题及解决方法：

① 常见问题：在 MCGS 监控界面上，电动机齿轮转动效果不明显。

解决方法：设置齿轮属性的可见度，并设置为闪烁。

② 常见问题：正、反转按钮失灵。

解决方法：设置按钮内部的属性。

项目四　灯塔控制系统

本项目主要讨论灯塔控制系统的组成、工作原理、PLC 程序设计与调试、MCGS 组态方法及统调等内容，使学生具备组建简单计算机监督控制系统的能力。

一、学习目标

1. 知识目标

(1) 掌握灯塔控制系统的控制要求。

(2) 掌握灯塔控制系统的硬件接线。

(3) 掌握灯塔控制系统的通信方式。

(4) 掌握灯塔控制系统的控制原理。

(5) 掌握灯塔控制系统的程序设计方法。

(6) 掌握灯塔控制系统的组态设计方法。

2. 能力目标

(1) 初步具备灯塔控制系统的分析能力。

(2) 初步具备 PLC 灯塔控制系统的设计能力。

(3) 初步具备灯塔控制系统 PLC 程序的设计能力。

(4) 初步具备灯塔控制系统的组态能力。

(5) 初步具备灯塔控制系统 PLC 程序与组态的统调能力。

二、要求学生必备的知识与技能

1. 必备知识

(1) PLC 应用技术的基本知识。

(2) 数字量输入通道的基本知识。

(3) 数字量输出通道的基本知识。

(4) 闭环控制系统的基本知识。

(5) 组态技术的基本知识。

2. 必备技能

(1) 数字量输入通道构建的基本技能。

(2) 数字量输出通道构建的基本技能。

(3) 熟练的 PLC 接线操作技能。

(4) 熟练的 PLC 编程调试技能。

(5) 计算机监督控制系统的组建能力。

三、理实一体化教学任务

理实一体化教学任务见表 2-4-1。

表 2-4-1 理实一体化教学任务

任务一	灯塔控制系统的控制要求
任务二	灯塔控制系统的实训设备基本配置及控制接线图
任务三	灯塔控制系统的 I/O 分配
任务四	灯塔控制系统的组成及控制原理
任务五	灯塔控制系统的 PLC 控制程序
任务六	灯塔控制系统的组态

四、理实一体化教学步骤

1. 灯塔控制系统的控制要求

灯塔控制系统(如图 2-4-1 所示)由 4 层灯和 2 个灯柱构成，按启动按钮后，灯塔开始工作，灯塔指示灯每隔 1 s 由上到下，一层一层点亮，并依次点亮 2 个灯柱，L6 点亮 3 s 后所有的灯再全部熄灭 1 s，重复上述过程，直到按停止按钮后，灯塔停止工作。

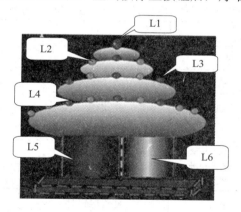

图 2-4-1 灯塔控制系统的组成

2. 灯塔控制系统的实训设备基本配置及控制接线图

(1) 实训设备基本配置：

灯塔系统	一套
24 V 直流稳压电源	一台
RS-232 转换接头及传输线	一根
MCGS 运行狗	一个
计算机	一台/人
三菱 FX_{2N} 系列 PLC	一台

(2) 三菱 FX_{2N} 系列 PLC 控制接线图如图 2-4-2 所示。

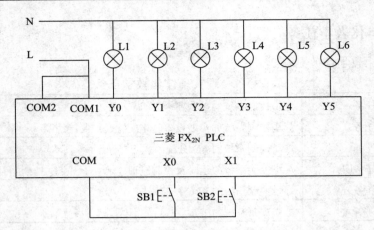

图 2-4-2　三菱 FX_{2N} 系列 PLC 灯塔控制系统接线图

在该控制系统接线中，计算机与三菱 FX_{2N} 系列 PLC 之间采用 RS-232 接线方式，L1～L6 为 4 层灯和 2 个灯柱，分别接到灯塔的相应灯上；PLC 所有的输入/输出点均送往 MCGS 监控界面，作为监控界面的控制参数。

3. 灯塔控制系统的 I/O 口分配

灯塔控制系统的 I/O 口分配见表 2-4-2。

表 2-4-2　　灯塔控制系统的 I/O 口分配

PLC 中 I/O 口分配		注　释	MCGS 实时数据 对应的变量
元件	地址		
SB1	X0	启动	X0
SB2	X1	停止	X1
L1	Y0	第一层灯亮	L1
L2	Y1	第二层灯亮	L2
L3	Y2	第三层灯亮	L3
L4	Y3	第四层灯亮	L4
L5	Y4	灯柱 L5 亮	L5
L6	Y5	灯柱 L6 亮	L6

4. 灯塔控制系统的组成及控制原理

按下启动按钮后，程序开始运行；通过中间继电器使 M0 得电，点亮 MCGS 界面顶层的灯，通过 PLC 中的定时器间隔 1 s 分别点亮 Y0～Y5，即 MCGS 界面的四层灯和两个灯柱，L6 亮 3 s 后所有的灯全部熄灭 1 s；然后从头开始，循环不止，直到按下停止按钮后，灯塔停止工作。

5. 灯塔控制系统的 PLC 控制程序

灯塔控制系统的 PLC 控制程序如图 2-4-3 所示。

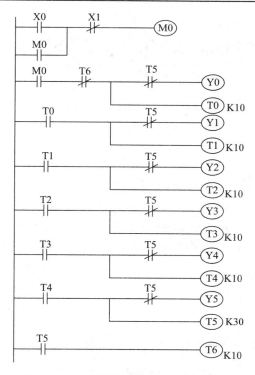

图 2-4-3　灯塔控制系统的 PLC 控制程序

6. 灯塔控制系统的组态

1) 新建工程

选择"文件"→"新建工程"菜单项,新建"灯塔控制系统.MCG"工程文件。

2) 数据库组态

灯塔控制系统数据库规划如图 2-4-4 所示。

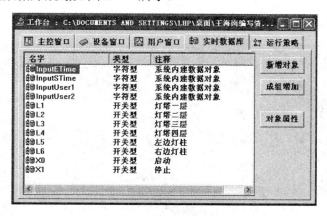

图 2-4-4　灯塔控制系统数据库规划

3) 设备组态

(1) 打开工作台中的"设备窗口"标签页,双击设备窗口,在空白处单击鼠标右键,打开"设备工具箱",添加如图 2-4-5 所示的设备。

图 2-4-5　灯塔控制系统设备窗口组态

(2) 灯塔控制系统 PLC 属性设置如图 2-4-6 所示。

图 2-4-6　灯塔控制系统 PLC 属性设置

4) 用户窗口组态

(1) 打开"用户窗口"标签页,创建灯塔控制系统窗口。

(2) 流程图组态。双击灯塔控制系统窗口,打开动画组态界面,绘制如图 2-4-7 所示的图形(可参考本模块中的项目一)。

图 2-4-7　灯塔控制系统流程图

(3) 顶层灯的属性设置如图 2-4-8 所示。

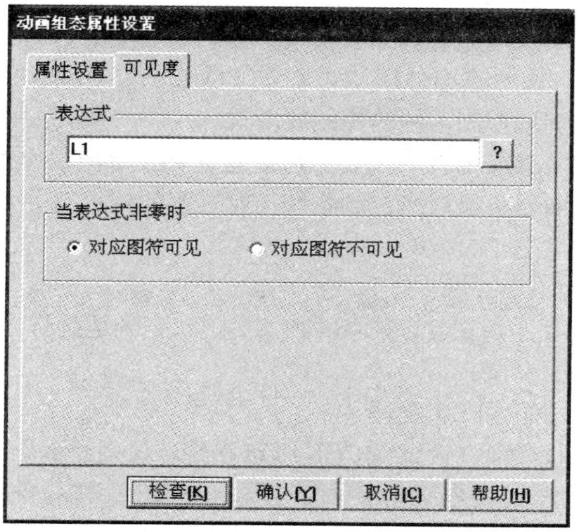

图 2-4-8　顶层灯的属性设置

(4) 其他层灯和灯柱分别与实时数据库中的 L2～L6 连接。

五、实操考核

项目考核采用步进式考核方式，考核内容见表 2-4-3。

表 2-4-3　项目考核表

学　号		1	2	3	4	5	6	7	8	9	10	11
姓　名												
考核内容进程分值	硬件接线(5 分)											
	控制原理(10 分)											
	PLC 程序设计(20 分)											
	PLC 程序调试(10 分)											
	数据库组态(10 分)											
	设备组态(10 分)											
	用户窗口组态(25 分)											
	系统统调(10 分)											
扣分	安全文明											
	纪律卫生											
总　评												

六、注意事项

(1) 灯塔控制系统 MCGS 组态界面要美观、新颖、有创意。

(2) 灯塔控制系统组态的连接必须与 PLC 的 I/O 口一一对应。

(3) PLC 程序要按灯塔控制系统的控制要求设计。

(4) 灯塔控制系统 MCGS 监控界面要尽可能包含 PLC 的输入点和输出点。

(5) MCGS 监控界面要实现灯塔控制系统控制过程的模拟。

七、系统调试

(1) 灯塔系统 PLC 程序调试。反复调试 PLC 程序,直到达到灯塔系统的控制要求为止。

(2) MCGS 仿真界面调试。

① 运行初步调试正确的 PLC 程序。

② 进入 MCGS 运行界面,调试 MCGS 组态界面,观察显示界面是否达到灯塔控制系统的控制要求,根据灯塔控制系统的显示需求添加必要的动画,根据动画要求修改 PLC 程序。

(3) 反复调试,直到组态界面和 PLC 程序都达到控制要求为止。

(4) 调试中的常见问题及解决方法:

① 常见问题:程序在 PLC 中能正常运行,但与组态连接时程序就无法正常执行。

解决方法:在实时数据库中解决数据交叉使用的现象。

② 常见问题:组态界面灯的闪烁不合程序的逻辑。

解决方法:在属性设置中添加可见度设置,删除脚本程序。

项目五　抢答器控制系统

本项目主要讨论抢答器控制系统的组成、工作原理、MCGS 组态方法及统调等内容，使学生初步具备组建简单的 MCGS 监控系统的能力。

一、学习目标

1. 知识目标

(1) 掌握抢答器控制系统的控制要求。

(2) 掌握抢答器控制系统的硬件接线。

(3) 掌握抢答器控制系统的通信方式。

(4) 掌握抢答器控制系统的控制原理。

(5) 掌握使用 MCGS 创建工程的方法。

(6) 掌握抢答器控制系统设备的连接方法。

(7) 掌握抢答器控制系统的组态设计方法。

2. 能力目标

(1) 初步具备简单工程的分析能力。

(2) 初步具备抢答器控制系统的构建能力。

(3) 增强独立分析、综合开发研究、解决具体问题的能力。

(4) 初步具备抢答器控制系统的设计能力。

(5) 初步具备抢答器控制系统的分析能力。

(6) 初步具备抢答器控制系统的组态能力。

(7) 初步具备抢答器控制系统的统调能力。

二、要求学生必备的知识与技能

1. 必备知识

(1) S7-200 SMART 的系统构成。

(2) S7-200 SMART 编程的基本知识。

(3) S7-200 SMART 硬件接线的基本知识。

(4) 抢答器控制系统的组成。

(5) 计算机组态软件的基本知识。

2. 必备技能

(1) 熟练的计算机操作技能。

(2) S7-200 SMART 编程软件的使用技能。

(3) S7-200 SMART 简单程序的调试技能。

(4) S7-200 SMART 硬件的接线能力。

(5) 计算机组态监控系统的组建能力。

三、理实一体化教学任务

基于 S7-200 SMART PLC 的抢答器控制系统理实一体化教学任务见表 2-5-1。

表 2-5-1　理实一体化教学任务

任务一	抢答器控制系统的控制要求
任务二	抢答器控制系统的实训设备基本配置
任务三	抢答器控制系统的接线图
任务四	抢答器控制系统的控制原理
任务五	抢答器控制系统的 PLC 控制程序
任务六	抢答器控制系统的组态

四、理实一体化教学步骤

1. 抢答器控制系统的控制要求

设计四组抢答器控制及监控系统，具体要求如下：一个四组抢答器，任一组抢先按下按键后，显示器(七段数码管)能及时显示该组的编号并使蜂鸣器播放音乐，彩灯开始旋转，同时锁住抢答器，使其他组按下按键无效；抢答器有复位开关，复位后可重新抢答。

使用 MCGS 组态软件设计完成抢答器的监控系统，监控各按钮动作情况及七段数码管显示。

2. 抢答器控制系统的实训设备基本配置

(1) 实训设备基本配置：

抢答器系统	一套
S7-200 SMART PLC(CPUCR60)	一块
PC/PPI 通信电缆	一条
MCGS 组态软件	一套
STEP 7 MicroWIN V4.0 软件	一套
计算机	一台/人
连接导线	若干

(2) 抢答器控制系统 I/O 口分配。四组抢答器控制系统输入/输出各端子对应关系如表 2-5-2 所示。

表 2-5-2　抢答器控制系统的 I/O 口分配

PLC 中 I/O 口分配		注　释	MCGS 实时数据对应的变量
元　件	地　址		
1 号按钮 SB1	I0.1	1 号按钮 SB1	I0.1
2 号按钮 SB2	I0.2	2 号按钮 SB2	I0.2
3 号按钮 SB3	I0.3	3 号按钮 SB3	I0.3
4 号按钮 SB4	I0.4	4 号按钮 SB4	I0.4
复位按钮 SB5	I0.0	复位按钮 SB5	I0.0
蜂鸣器，彩灯	Q0.0	蜂鸣器，彩灯	Q0.0

续表

PLC 中 I/O 口分配		注 释	MCGS 实时数据对应的变量
元 件	地 址		
数码管字段 a	Q0.1	数码管字段 a	Q0.1
数码管字段 b	Q0.2	数码管字段 b	Q0.2
数码管字段 c	Q0.3	数码管字段 c	Q0.3
数码管字段 d	Q0.4	数码管字段 d	Q0.4
数码管字段 e	Q0.5	数码管字段 e	Q0.5
数码管字段 f	Q0.6	数码管字段 f	Q0.6
数码管字段 g	Q0.7	数码管字段 g	Q0.7
	M0.1	1 号按钮 1 号指示灯	L1
	M0.2	2 号按钮 2 号指示灯	L2
	M0.3	3 号按钮 3 号指示灯	L3
	M0.4	4 号按钮 4 号指示灯	L4

3. 抢答器控制系统的接线图

抢答器控制系统接线时，L、N 接 220V 交流电，PLC 的输入及输出使用直流 24V 电源供电。在 PLC 输出的 Q0.0 端接了一个直流 24V 的蜂鸣器，七段数码管采用共阴极接法，即直流 24V 电源负极接数码管的公共端，数码管字段 a 至字段 g 通过电阻分别接在 PLC 输出的 Q0.1 至 Q0.7 端，PLC 输出的公共端 1L、2L 并接在直流 24V 电源的正极，如图 2-5-1 所示。

计算机与 S7-200 SMART PLC 之间采用 PPI 编程电缆连接，完成计算机对 PLC 运行数据的监控。

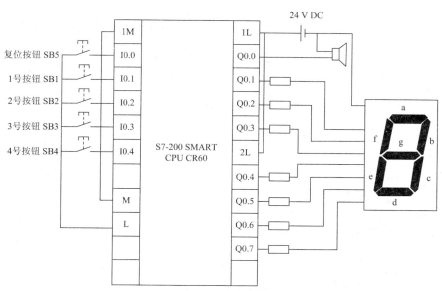

图 2-5-1 抢答器控制系统硬件接线图

4. 抢答器控制系统的控制原理

在设计抢答器控制系统的梯形图时，注意按钮的"自锁"及"互锁"关系，对于"1 号按钮 SB1"，中间继电器 M0.1 实现"自锁"，M0.2、M0.3、M0.4 实现"互锁"，该系统显示器采用七段数码管，各按钮按下时，通过分别点亮七段数码管相应的字段，组合出需要的数字。例如，当"1 号按钮 SB1"按下时，接通 PLC 的输出端 Q0.2 和 Q0.3，即点亮字段 b 和字段 c，组合出数字 1。

5. 抢答器控制系统的 PLC 控制程序

四组抢答器控制系统的梯形图如图 2-5-2 所示。

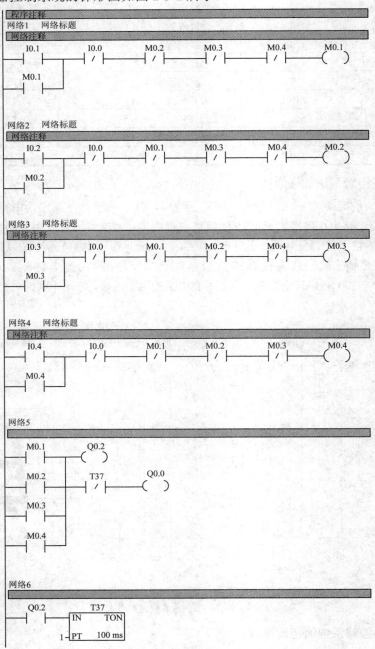

图 2-5-2　四组抢答器控制系统的梯形图(1)

网络7

```
   M0.2        Q0.1
   ┤├──────┬──( )
   M0.3    │
   ┤├──────┘
```

网络8

```
   M0.4        Q0.6
   ┤├─────────( )
```

网络9

```
   M0.2        Q0.7
   ┤├──────┬──( )
   M0.3    │
   ┤├──────┤
   M0.4    │
   ┤├──────┘
```

网络10

```
   M0.2        Q0.5
   ┤├─────────( )
```

网络11

```
   Q0.1        Q0.4
   ┤├─────────( )
```

网络12

```
   M0.1        Q0.3
   ┤├──────┬──( )
   M0.3    │
   ┤├──────┤
   M0.4    │
   ┤├──────┘
```

图 2-5-2 四组抢答器控制系统的梯形图(2)

6. 抢答器系统的组态

1) 新建工程

选择"文件"→"新建工程"菜单项,新建"抢答器.MCG"工程文件。

2) 数据库组态

抢答器系统数据库规划如图 2-5-3 所示。

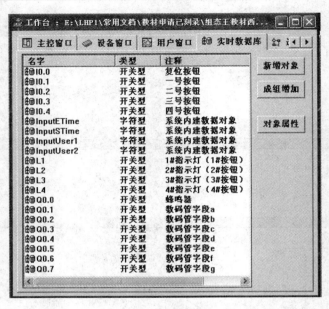

图 2-5-3　　抢答器系统数据库规划

3) 设备组态

(1) 打开工作台中的"设备窗口"标签页，双击设备窗口，在空白处单击鼠标右键，打开"设备工具箱"，添加如图 2-5-4 所示的设备。

图 2-5-4　抢答器设备窗口组态

(2) 抢答器 PLC 部分属性设置如图 2-5-5 所示。

图 2-5-5　抢答器 PLC 属性设置

4) 用户窗口组态

打开"用户窗口"标签页，创建抢答器窗口。

(1) 流程图组态。双击抢答器系统窗口，打开动画组态界面，绘制如图 2-5-6 所示的图形(可参考本模块中的项目一)。

(2) 1#按钮的设置如图 2-5-7 所示。

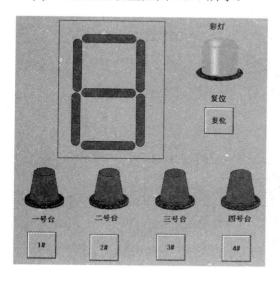

图 2-5-6　抢答器监控界面

图 2-5-7　1#按钮的设置

用同样的方法对复位按钮进行设置，与 I0.0 变量连接；对复位按钮、2#～4#按钮进行设置，并分别与 I0.0、L2～L4 变量连接。

(3) 1#指示灯的设置如图 2-5-8 所示。

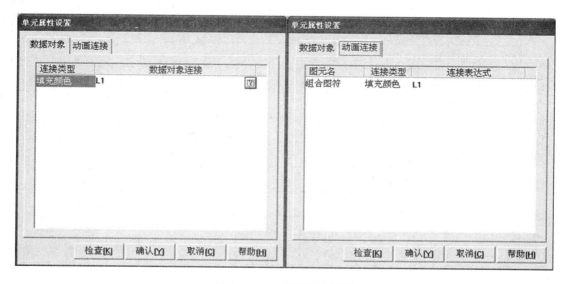

图 2-5-8　1#指示灯的设置

用同样的方法对彩灯进行设置，与 Q0.0 变量连接；对 2#～4#指示灯进行设置，并分别与 L2～L4 变量连接。

(4) 数码管 a 段属性设置如图 2-5-9 所示。

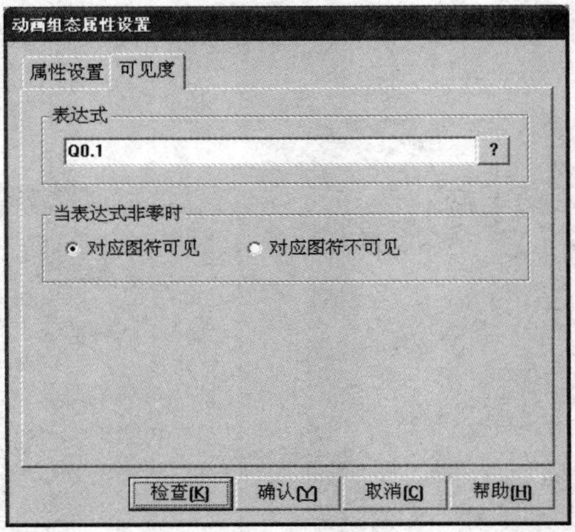

图 2-5-9　报警灯的属性设置

用同样的方法对 b～f 段进行设置，并分别与 Q0.2～Q0.7 变量连接。

五、实操考核

项目考核采用步进式考核方式，考核内容见表 2-5-3。

表 2-5-3　项目考核表

	学　　号	1	2	3	4	5	6	7	8	9	10
	姓　　名										
考核内容进程分值	硬件接线(5 分)										
	控制原理(10 分)										
	PLC 程序设计(20 分)										
	PLC 程序调试(10 分)										
	数据库组态(10 分)										
	设备组态(10 分)										
	用户窗口组态(25 分)										
	系统统调(10 分)										
扣分	安全文明										
	纪律卫生										
	总　　评										

六、注意事项

(1) MCGS 组态界面要美观、新颖、有创意。

(2) PLC 程序要按抢答器系统控制要求设计。

(3) MCGS 监控界面要尽可能包含 PLC 的输入/输出点。

(4) MCGS 监控界面要实现对抢答器过程的模拟。

七、系统调试

(1) PLC 程序调试。反复调试 PLC 程序，直到达到抢答器系统的控制要求为止。

(2) MCGS 仿真界面调试。

① 运行初步调试正确的抢答器系统 PLC 程序。

② 进入 MCGS 运行界面，调试 MCGS 组态界面，观察显示界面是否达到抢答器系统的控制要求，同时根据抢答器的需求添加必要的动画，并根据动画要求修改 PLC 程序。

(3) 反复调试，直到组态界面和 PLC 程序都达到控制要求为止。

项目六 搅拌机控制系统

本项目主要讨论搅拌机控制系统的组成、工作原理、PLC 程序设计与调试、MCGS 组态方法及统调等内容，使学生具备组建简单计算机监督控制系统的能力。

一、学习目标

1. 知识目标

(1) 掌握搅拌机控制系统的控制要求。

(2) 掌握搅拌机控制系统的硬件接线。

(3) 掌握搅拌机控制系统的通信方式。

(4) 掌握搅拌机控制系统的控制原理。

(5) 掌握搅拌机控制系统的 PLC 程序设计方法。

(6) 掌握搅拌机控制系统的组态设计方法。

2. 能力目标

(1) 初步具备搅拌机控制系统的分析能力。

(2) 初步具备利用 PLC 设计搅拌机控制系统的能力。

(3) 初步具备搅拌机控制系统 PLC 程序的设计能力。

(4) 初步具备搅拌机控制系统的组态能力。

(5) 初步具备搅拌机控制系统 PLC 程序与组态的统调能力。

二、要求学生必备的知识与技能

1. 必备知识

(1) PLC 应用技术基本知识。

(2) 数字量输入通道基本知识。

(3) 数字量输出通道基本知识。

(4) 组态技术基本知识。

2. 必备技能

(1) 数字量输入通道构建的基本技能。

(2) 数字量输出通道构建的基本技能。

(3) 熟练的 PLC 接线操作技能。

(4) 熟练的 PLC 编程调试技能。

(5) 计算机监督控制系统的组建能力。

三、理实一体化教学任务

理实一体化教学任务见表 2-6-1。

表 2-6-1　理实一体化教学任务

任务一	搅拌机控制系统的控制要求
任务二	搅拌机控制系统的实训设备基本配置及控制接线图
任务四	搅拌机控制系统的组成及控制原理
任务五	搅拌机控制系统的 PLC 控制程序
任务六	搅拌机控制系统的组态

四、理实一体化教学步骤

1. 搅拌机控制系统的控制要求

　　某种搅拌机控制系统的组成如图 2-6-1 所示。物料 A、B、C 按一定的比例混合后进行加热，按规定的时间加热后，作为下一级生产装置的原料。搅拌机监控系统要求用 PLC 来完成对进料比例、搅拌时间、加热时间以及出料的控制，并要求用 MCGS 工控组态软件来监控搅拌机的运行状态。具体要求如下：搅拌机开始工作后，首先打开混合物料排放泵 F4，20 s 后关闭 F4，打开物料 A 的进料电磁阀 F1，注入物料 A；物料 A 加至高度 L3，延时 2 s 后关闭 F1，打开物料 B 的进料电磁阀 F2，注入物料 B；物料 B 加至高度 L2，延时 2 s 后关闭 F2，打开物料 C 的进料电磁阀 F3，注入物料 C；物料 C 加至高度 L1，延时 2 s 后关闭 F3，开启搅拌电动机开始搅拌；30 s 后，电动机停止搅拌，物料开始加热，加热指示灯亮；温度达到设定值后，加热指示灯灭，温度指示灯亮；冷却 60 s 后，温度指示灯灭，同时打开液体排放阀 F4，然后从头开始，循环不止。任何时候按下停止按钮，都能够停止当前的操作。

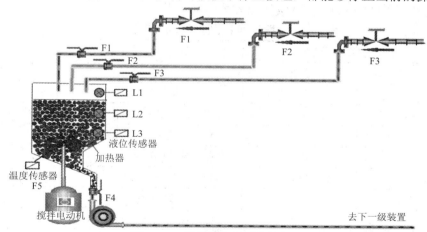

图 2-6-1　搅拌机控制系统的组成

2. 搅拌机控制系统的实训设备基本配置及控制接线图

（1）实训设备基本配置：

　　　搅拌机系统　　　　　　　　　　　一套
　　　24 V 直流稳压电源　　　　　　　　一台
　　　RS-232 转换接头及传输线　　　　　一根
　　　MCGS 运行狗　　　　　　　　　　一个
　　　计算机　　　　　　　　　　　　　一台/人

西门子 S7-200 SMART PLC　　　　　　　　一台

(2) 搅拌机控制系统接线图如图 2-6-2 所示。

图中，L1、L2、L3 为液位测量信号，F1、F2、F3 为物料 A、B、C 的电磁阀，F4 为出料泵接触器，F5 为搅拌电动机接触器，F6 为加热装置。计算机与 S7-200 SMART PLC 之间采用 PPI 编程电缆连接，完成计算机对 PLC 运行数据的监控。

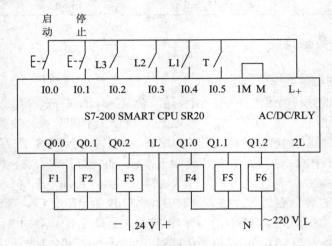

图 2-6-2　搅拌机控制系统接线图

3. 搅拌机控制系统的 I/O 口分配

搅拌机控制系统的 I/O 口分配见表 2-6-2。

表 2-6-2　搅拌机控制系统的 I/O 口分配

PLC 中 I/O 口分配		注　释	MCGS 实时数据对应的变量
元　件	地　址		
SB1	I0.0	启动按钮	
SB2	I0.1	停止按钮	
L3	I0.2	液位 3 检测(指示)	L3
L2	I0.3	液位 2 检测(指示)	L2
L1	I0.4	液位 1 检测(指示)	L1
T	I0.5	温度检测接点信号	T0
F1	Q0.0	物料 A 电磁阀	Y1
F2	Q0.1	物料 B 电磁阀	Y2
F3	Q0.2	物料 C 电磁阀	Y3
F4	Q1.0	出料泵接触器	Y4
F5	Q1.1	搅拌电动机接触器	Y5
F6	Q1.2	加热装置	Y6
	M1.0	加热指示灯	M1
	M1.1	温度指示灯	M2

4. 搅拌机控制系统的组成及控制原理

按下启动按钮后，程序开始运行；通过中间继电器使 M0 得电，打开混合物料排放泵 F4，启动定时器 T40 开始定时，定时 20 s 后关闭 F4，打开物料 A 的进料电磁阀 F1，注入物料 A；当检测到物料 A 加至高度 L3 时，启动定时器 T41 开始定时，定时 2 s 后关闭 F1，打开物料 B 的进料电磁阀 F2，注入物料 B；当检测到物料 B 加至高度 L2 时，启动定时器 T42 开始定时，定时 2 s 后关闭 F2，打开物料 C 的进料电磁阀 F3，注入物料 C；当检测到物料 C 加至高度 L1 时，启动定时器 T43 开始定时，定时 2 s 后关闭 F3，打开搅拌电机开始对混合物料进行搅拌，并启动定时器 T44 开始定时，定时 30 s 后关闭搅拌电动机，打开加热装置对混合物料进行加热，加热指示灯亮。当检测到加热温度到设定值时，关闭加热装置，加热指示灯灭，温度指示灯亮，并启动定时器 T45 开始定时，定时 60 s 后再从头开始，循环不止。MCGS 计算机监控界面的动画组态与 PLC 中的变量一一对应，实时地显示搅拌机的工作状态。

5. 搅拌机控制系统的 PLC 控制程序

搅拌机控制系统的 PLC 控制程序如图 2-6-3 所示。

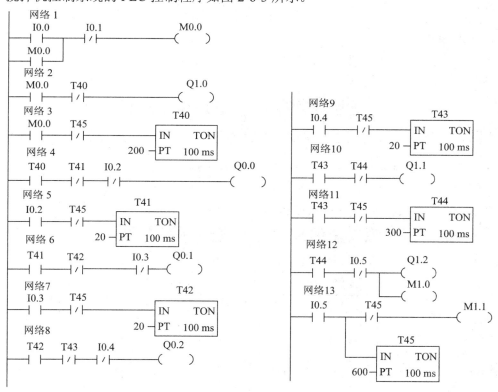

图 2-6-3　搅拌机控制系统的 PLC 控制程序

6. 搅拌机控制系统的组态

1）新建工程

选择"文件"→"新建工程"菜单项，新建"搅拌机控制系统.MCG"工程文件。

2）数据库组态

搅拌机控制系统的数据库规划如图 2-6-4 所示(可参考本模块中的项目一)。

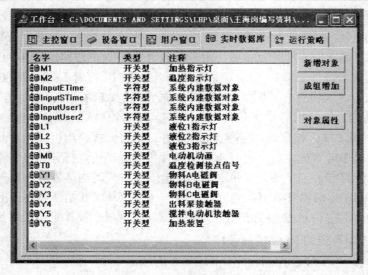

图 2-6-4　搅拌机控制系统的数据库规划

3) 设备组态

(1) 打开工作台中的"设备窗口"标签页，双击设备窗口，在空白处单击鼠标右键，打开"设备工具箱"，添加如图 2-6-5 所示的设备。

图 2-6-5　搅拌机控制系统的设备窗口组态

(2) 搅拌机控制系统 PLC 通道设置如图 2-6-6 所示。

图 2-6-6　搅拌机控制系统 PLC 通道设置

4) 用户窗口组态

(1) 打开用户窗口，创建搅拌机系统窗口。

(2) 流程图组态。双击搅拌机系统窗口，打开动画组态界面，绘制如图 2-6-1 所示的图形(可参考本模块中的项目一)。

(3) 液位指示灯的属性设置如图 2-6-7 所示。

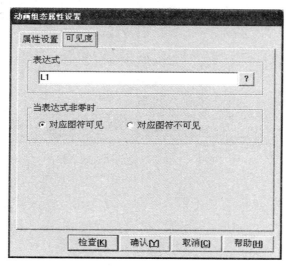

图 2-6-7 液位指示灯的属性设置

(4) 其他指示灯分别与实时数据库中的 L2、L3、M1、M2、T0、Y6 连接。

(5) 电动机叶轮的属性设置如图 2-6-8、图 2-6-9 所示。

(6) 电磁阀旁边的箭头分别与数据库中的 Y1、Y2、Y3 连接，出料泵接触器与数据库中的 Y4 连接。

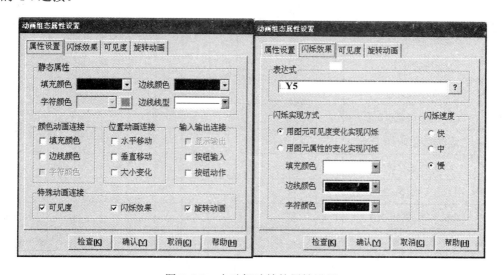

图 2-6-8 电动机叶轮的属性设置(1)

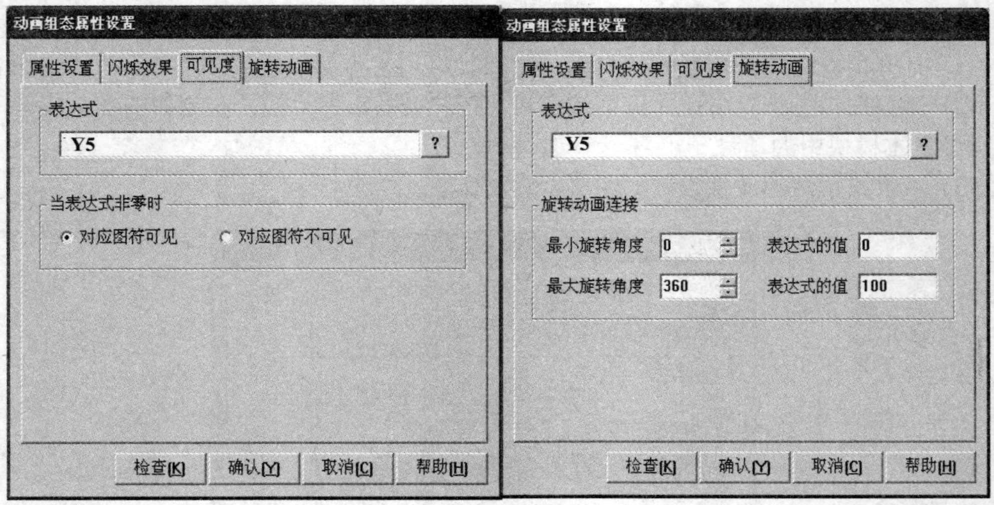

图 2-6-9　电动机叶轮的属性设置(2)

5) 脚本程序

```
IF M0=100 THEN
M0=0
ENDIF
M0= M0+1
```

五、实操考核

项目考核采用步进式考核方式，考核内容如表 2-6-3 所示。

表 2-6-3　项目考核表

	学　　号	1	2	3	4	5	6	7	8	9	10	11	12	13
	姓　　名													
考核内容进程分值	硬件接线(5 分)													
	控制原理(10 分)													
	PLC 程序设计(20 分)													
	PLC 程序调试(10 分)													
	数据库组态(10 分)													
	设备组态(10 分)													
	用户窗口组态(25 分)													
	系统统调(10 分)													
扣分	安全文明													
	纪律卫生													
	总　　评													

六、注意事项

(1) 搅拌机的叶轮旋转是通过旋转动画来实现的。

(2) 搅拌机系统组态的连接必须与 PLC 的 I/O 口一一对应。

七、系统调试

(1) PLC 控制系统模拟调试。运行 PLC 程序，模拟输入启动、液位、温度等输入信号，观察 PLC 的输出指示灯，看是否符合搅拌机的控制要求，如不符合要求，则须修改 PLC 程序，直到符合控制要求为止。

(2) MCGS 监控界面的调试。运行正确的 PLC 程序，运行 MCGS 组态工程，观察搅拌机计算机控制系统的监控界面的动画显示是否按控制要求模拟显示工艺的操作过程；如果有问题，则需检查 PLC 通道连接以及动画连接，排除连接错误，直至动画的显示与 PLC 的运行一致。

(3) 搅拌机计算机控制系统联调。连接 PLC 与现场设备的控制接线，仔细检查无误后运行 PLC 程序，运行 MCGS 监控界面，观察 MCGS 监控界面与现场的设备运行情况是否一致，如果不一致，仔细检查每个输入/输出通道，直到模拟的工艺运行状况与实际的工艺状况保持一致为止。

项目七　MCGS 对 PLC 硬件的虚拟扩展

本项目主要讨论 MCGS 对 PLC 硬件虚拟扩展的方法、硬件组成、工作原理、PLC 程序设计与调试、MCGS 组态方法及统调等内容，使学生具备组建简单计算机监督控制系统的能力。

一、学习目标

1. 知识目标

(1) 掌握 MCGS 对 PLC 硬件虚拟扩展的控制要求。

(2) 掌握 MCGS 对 PLC 硬件虚拟扩展的硬件接线。

(3) 掌握 MCGS 对 PLC 硬件虚拟扩展的通信方式。

(4) 掌握 MCGS 对 PLC 硬件虚拟扩展的控制原理。

(5) 掌握 MCGS 对 PLC 硬件虚拟扩展的 PLC 程序设计方法。

(6) 掌握 MCGS 对 PLC 硬件虚拟扩展的组态设计方法。

2. 能力目标

(1) 初步具备硬件虚拟扩展的分析能力。

(2) 初步具备利用 PLC 设计系统硬件的能力。

(3) 初步具备硬件虚拟扩展的 PLC 程序的设计能力。

(4) 初步具备硬件虚拟扩展的组态能力。

(5) 初步具备硬件虚拟扩展 PLC 程序与组态的统调能力。

二、要求学生必备的知识与技能

1. 必备知识

(1) PLC 应用技术基本知识。

(2) 数字量输入通道基本知识。

(3) 数字量输出通道基本知识。

(4) 组态技术基本知识。

2. 必备技能

(1) 数字量输入通道构建基本技能。

(2) 数字量输出通道构建基本技能。

(3) 熟练的 PLC 接线操作技能。

(4) 熟练的 PLC 编程调试技能。

(5) 计算机监督控制系统的组建能力。

三、理实一体化教学任务

理实一体化教学任务内容详见表 2-7-1。

表 2-7-1　理实一体化教学任务

任务一	MCGS 对 PLC 硬件虚拟扩展的控制要求
任务二	MCGS 对 PLC 硬件虚拟扩展实训设备基本配置及控制接线图
任务三	MCGS 对 PLC 硬件虚拟扩展的 I/D 分配
任务四	MCGS 对 PLC 硬件虚拟扩展的组成及控制原理
任务五	MCGS 对 PLC 硬件虚拟扩展的 PLC 控制程序
任务六	MCGS 对 PLC 硬件虚拟扩展的组态

四、理实一体化教学步骤

1. MCGS 对 PLC 硬件虚拟扩展的控制要求

设计十字路口交通灯控制系统，具体要求如下：东西红灯亮并保持 38 s，同时南北绿灯亮并保持 30 s，30 s 之后，南北绿灯闪亮 2 次(每周期 1 s)后熄灭。继而南北黄灯亮并保持 4 s，到 4 s 后，南北黄灯灭，南北红灯亮并保持 28 s，同时东西红灯灭，东西绿灯亮 20 s，20 s 之后，东西绿灯闪亮 2 次(每周期 1 s)后熄灭。继而东西黄灯亮并保持 4 s，到 4 s 后，东西黄灯灭，东西红灯亮，同时南北红灯灭，南北绿灯亮。至此完成一个循环，控制系统要求能实现倒计时。

2. 控制时序图

控制时序图如图 2-7-1 所示。

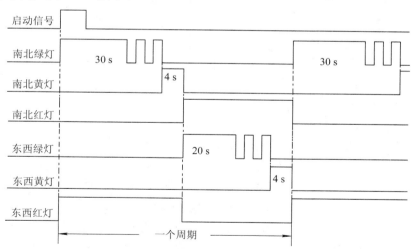

图 2-7-1　控制时序图

3. MCGS 对 PLC 硬件的虚拟扩展实训设备基本配置及控制接线图

(1) 实训设备基本配置：

24 V 直流稳压电源	一台
RS-232 转换接头及传输线	一根
MCGS 运行狗	一个
计算机	1 台/人
西门子 S7-200 SMART PLC	一台

(2) 交通灯控制系统 I/O 点分析：系统需要启动、停止按钮各一个，交通灯需要 Q0.0～Q0.5 共 6 个输出点，东西向倒计时数码管需要 14 个输出点，南北向倒计时数码管需要 14 个输出点，合计共用 34 个输出点，在程序设计阶段，如果接好所有的硬件，会浪费很多时间和精力，而且存在 PLC 接口短缺无法调试的问题，因此可利用 MCGS 软件借助于 PLC 的中间继电器来实现对硬件的替代，从而完成程序的设计与调试。

交通灯控制系统计算机监控界面与 PLC 虚拟接线如图 2-7-2 所示。

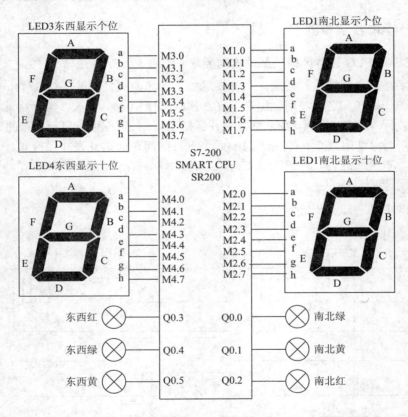

图 2-7-2　交通灯控制系统计算机监控界面与 PLC 虚拟接线图

(3) 控制系统接线说明：计算机与 S7-200 SMART PLC 之间采用 PPI 编程电缆连接，完成计算机对 PLC 运行数据的监控。Q0.0～Q0.5 接交通灯(外部接线)，监控界面上的交通灯以及 4 个倒计时数码管通过 PPI 电缆与 PLC 的 Q0.0～Q0.5、MB1、MB2、MB3、MB4 连接。

4. MCGS 对 PLC 硬件虚拟扩展的 I/O 口分配

MCGS 对 PLC 硬件虚拟扩展的 I/O 口分配见表 2-7-2。

表 2-7-2 I/O 口分配

PLC 中 I/O 口分配		注释	MCGS 实时数据对应的变量
元件	地址		
SB1	I0.0	启动按钮	
SB2	I0.1	停止按钮	
L 南北绿灯	Q0.0	南北绿灯	L 南北绿灯
L 南北黄灯	Q0.1	南北黄灯	L 南北黄灯
L 南北红灯	Q0.2	南北红灯	L 南北红灯
L 东西红灯	Q0.3	东西红灯	L 东西红灯
L 东西绿灯	Q0.4	东西绿灯	L 东西绿灯
L 东西黄灯	Q0.5	东西黄灯	L 东西黄灯
	M1.0	数码管 1a 段	Led1-a
	M1.1	数码管 1b 段	Led1-b
	M1.2	数码管 1c 段	Led1-c
	M1.3	数码管 1d 段	Led1-d
	M1.4	数码管 1e 段	Led1-e
	M1.5	数码管 1f 段	Led1-f
	M1.6	数码管 1g 段	Led1-g
	M1.7	数码管 1h 段	Led1-h
	M2.0	数码管 2a 段	Led2-a
	M2.1	数码管 2b 段	Led2-b
	M2.2	数码管 2c 段	Led2-c
	M2.3	数码管 2d 段	Led2-d
	M2.4	数码管 2e 段	Led2-e
	M2.5	数码管 2f 段	Led2-f
	M2.6	数码管 2g 段	Led2-g
	M2.7	数码管 2h 段	Led2-h
	M3.0	数码管 3a 段	Led3-a
	M3.1	数码管 3b 段	Led3-b
	M3.2	数码管 3c 段	Led3-c
	M3.3	数码管 3d 段	Led3-d
	M3.4	数码管 3e 段	Led3-e
	M3.5	数码管 3f 段	Led3-f
	M3.6	数码管 3g 段	Led3-g
	M3.7	数码管 3h 段	Led3-h
	M4.0	数码管 4a 段	Led4-a
	M4.1	数码管 4b 段	Led4-b
	M4.2	数码管 4c 段	Led4-c
	M4.3	数码管 4d 段	Led4-d
	M4.4	数码管 4e 段	Led4-e
	M4.5	数码管 4f 段	Led4-f
	M4.6	数码管 4g 段	Led4-g
	M4.7	数码管 4h 段	Led4-h

5. MCGS 对 PLC 硬件的虚拟扩展的组成及控制原理

在监控状态下，按下启动按钮后，程序开始运行；在监控界面上交通灯按控制要求实时运行，东西方向、南北方向倒计时数码管按交通灯的运行状况实时显示，在程序设计初期借助于监控界面和 PLC 的中间继电器来实现 PLC 程序的设计和调试，在应用到现场时，再将中间继电器用实际的输出接口代替，接上外部电路即可。

6. MCGS 对 PLC 硬件虚拟扩展的 PLC 控制程序

系统借助于 PLC 的中间继电器 MB1-MB4 实现对数码管程序的设计，系统 PLC 程序包含主程序和子程序。主程序主要完成上位机清零和数据采集；子程序完成倒计时及数码管显示等功能，部分控制程序如下所示。

(1) 上机清零程序如图 2-7-3 所示。

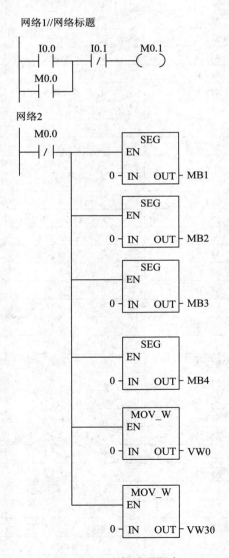

图 2-7-3　上机清零程序

(2) 交通灯控制程序如图 2-7-4 所示。

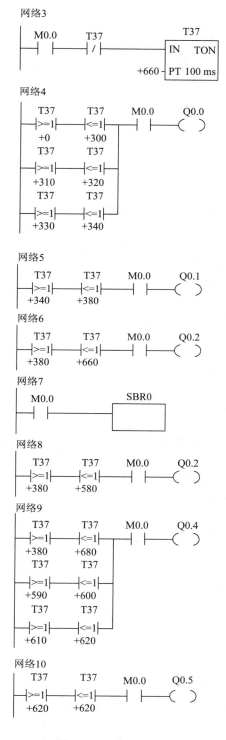

图 2-7-4　交通灯控制程序

(3) 显示子程序如图 2-7-5 所示。

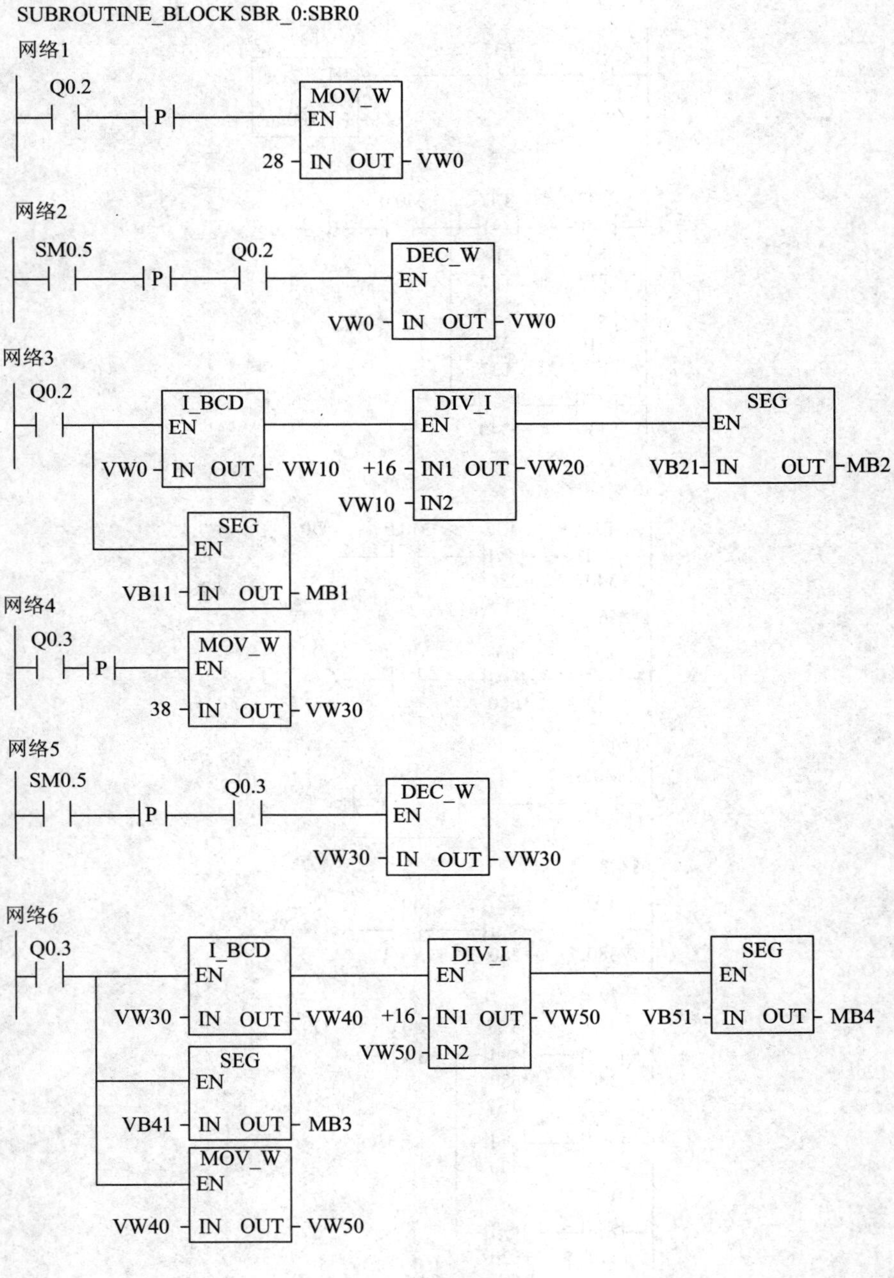

SUBROUTINE_BLOCK SBR_0:SBR0

网络1

```
   Q0.2                    ┌─────────┐
───┤ ├───┤P├───           │  MOV_W  │
                          │EN       │
                      28 ─┤IN   OUT ├─ VW0
                          └─────────┘
```

网络2

```
  SM0.5           Q0.2      ┌─────────┐
───┤ ├───┤P├───────┤ ├───   │  DEC_W  │
                           │EN       │
                       VW0─┤IN   OUT ├─ VW0
                           └─────────┘
```

网络3

```
   Q0.2      ┌─────────┐          ┌─────────┐          ┌─────────┐
───┤ ├───┬── │  I_BCD  │          │  DIV_I  │          │   SEG   │
         │   │EN       │          │EN       │          │EN       │
         │ VW0─┤IN  OUT├─ VW10  +16─┤IN1 OUT├─ VW20  VB21─┤IN  OUT├─ MB2
         │   └─────────┘        VW10─┤IN2     │          └─────────┘
         │                          └─────────┘
         │   ┌─────────┐
         └── │   SEG   │
             │EN       │
         VB11─┤IN  OUT├─ MB1
             └─────────┘
```

网络4

```
   Q0.3                    ┌─────────┐
───┤ ├───┤P├───           │  MOV_W  │
                          │EN       │
                      38 ─┤IN   OUT ├─ VW30
                          └─────────┘
```

网络5

```
  SM0.5           Q0.3      ┌─────────┐
───┤ ├───┤P├───────┤ ├───   │  DEC_W  │
                           │EN       │
                      VW30─┤IN   OUT ├─ VW30
                           └─────────┘
```

网络6

```
   Q0.3      ┌─────────┐          ┌─────────┐          ┌─────────┐
───┤ ├───┬── │  I_BCD  │          │  DIV_I  │          │   SEG   │
         │   │EN       │          │EN       │          │EN       │
         │ VW30─┤IN  OUT├─ VW40  +16─┤IN1 OUT├─ VW50  VB51─┤IN OUT├─ MB4
         │   └─────────┘        VW50─┤IN2     │          └─────────┘
         │                          └─────────┘
         │   ┌─────────┐
         ├── │   SEG   │
         │   │EN       │
         │ VB41─┤IN  OUT├─ MB3
         │   └─────────┘
         │   ┌─────────┐
         └── │  MOV_W  │
             │EN       │
         VW40─┤IN   OUT ├─ VW50
             └─────────┘
```

图 2-7-5　显示子程序

7. MCGS 对 PLC 硬件虚拟扩展的组态

1) 新建工程

选择"文件"→"新建工程"菜单项，新建"MCGS 对 PLC 硬件的虚拟扩展.MCG"工程文件。

2）数据库组态

数据库组态，按表 2-7-2 对数据库进行规划，如图 2-7-6 所示(参考模块二中的项目一)。

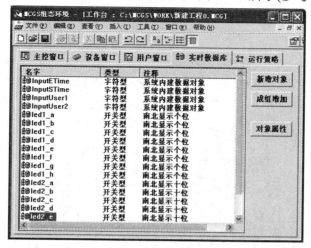

图 2-7-6　MCGS 对 PLC 硬件的虚拟扩展数据库规划

3）设备组态

(1) 打开工作台的"设备窗口"标签页，双击设备窗口，在空白处单击鼠标右键，打开"设备工具箱"，添加如图 2-7-7 所示的设备。

图 2-7-7　MCGS 对 PLC 硬件的虚拟扩展设备窗口组态

(2) 按表 2-7-2 对 PLC 通道进行设置，如图 2-7-8 所示。

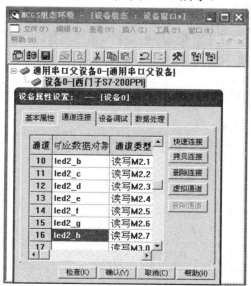

图 2-7-8　MCGS 对 PLC 硬件的虚拟扩展 PLC 通道设置

4) 用户窗口组态

(1) 打开"用户窗口"标签页，创建 MCGS 对 PLC 硬件的虚拟扩展系统窗口。

(2) 流程图组态。双击 MCGS 对 PLC 硬件的虚拟扩展系统窗口，打开动画组态界面，绘制如图 2-7-9 所示的图形(参考模块二中的项目一)。数码管的绘制采用直线或矩形框。

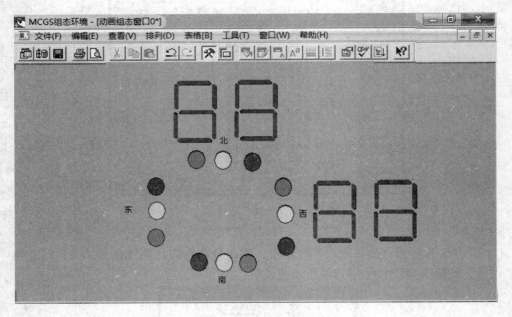

图 2-7-9　交通灯监控界面

(3) 交通灯的属性设置如图 2-7-10 所示(参考模块二中的项目一)，南北绿灯连接 Q0.0，南北黄灯连接 Q0.1，南北红灯连接 Q0.2，东西红灯连接 Q0.3，东西绿灯连接 Q0.4，东西黄灯连接 Q0.5，数码管各段按表 2-7-2 进行连接。

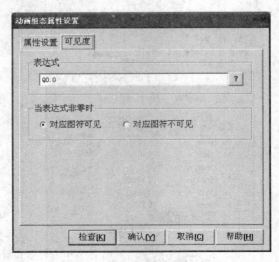

图 2-7-10　液位指示灯的属性设置

五、实操考核

项目考核采用步进式考核方式，考核内容如表 2-7-3 所示。

表 2-7-3　项目考核表

学　　　号		1	2	3	4	5	6	7	8	9	10	11	12	13
姓名														
考核内容进程分值	硬件接线(5 分)													
	控制原理(10 分)													
	PLC 程序设计(20 分)													
	PLC 程序调试(10 分)													
	数据库组态(10 分)													
	设备组态(10 分)													
	用户窗口组态(25 分)													
	系统统调(10 分)													
扣分	安全文明													
	纪律卫生													
总　　评														

六、注意事项

(1) PLC 硬件的虚拟扩展解决了在 PLC 的 I/O 口不够用的情况下 PLC 的程序调试问题。

(2) PLC 硬件的虚拟扩展必须借助 MCGS 软件来实现对 PLC 的监控，并使用其中间继电器实现对其 I/O 口的虚拟扩展，再在监控界面上虚拟扩展其硬件系统，使其程序调试更为直观形象。

七、系统调试

(1) PLC 控制系统模拟调试。在硬件接口不够用的情况下，用中间继电器代替开关量输出接口编写 PLC 程序。

(2) MCGS 监控界面的调试。运行 MCGS 组态工程和 PLC 程序，观察 MCGS 监控界面的动画显示是否符合控制要求。如果有问题，检查 PLC 通道连接以及动画连接，排除连接错误，直至动画的显示与 PLC 的运行一致；监控界面测试合适后，再利用监控界面调试 PLC 程序，直到监控界面上交通灯的运行符合控制要求为止。

(3) 投入应用。实际的 PLC 控制系统在投入运行前，将中间继电器全部换为实际的输出接口。

模块二思考题

1. 按下启动按钮后，指示灯亮 3 s 灭 3 s，不断交替循环，控制系统应该怎样修改？

2. 指示灯的点动控制应该怎样修改？

3. 请完成西门子 S7-200 PLC 按钮指示灯控制系统。

4. 基于泓格 i-7060 模块的交通灯控制系统在组态界面中，交通灯的控制由脚本程序完成吗？

5. 如何在 MCGS 监控界面上设置启动按钮？

6. 如何实现在 MCGS 监控界面上用正转、反转、停止按钮控制电动机？

7. 利用 MCGS 监控系统如何控制多台电动机？

8. 在组态界面中，灯塔的控制由脚本程序完成吗？

9. 将灯塔的控制由原先的亮 1 s 改为亮 3 s，应该在控制系统中怎样调整？

10. 试用西门子 S7-200 PLC 设计灯塔控制系统。

11. 简述抢答器监控系统工作原理。

12. PLC 没有运行，MCGS 组态界面能正常工作吗？

13. 利用组态界面能操作抢答器监控系统吗？

14. 简述搅拌机的控制过程。

15. 如何实现搅拌机叶轮的正、反转控制？

16. 搅拌机内液位的检测可通过哪些方法实现？

17. 搅拌机内温度的检测可通过哪些方法实现？

18. 如何实现对 PLC 硬件的虚拟扩展？

19. 如何实现对交通灯的倒计时显示？

20. 模拟量能实现虚拟扩展吗？

思考题参考答案

模块三 MCGS 模拟量组态基本知识

　　本模块通过单容液位定值控制系统模拟量工程实例介绍模拟量工程组态的方法与步骤，为生产过程自动控制系统的组建提供参考。

　　本模块包括 MCGS 组态工程液位控制系统概述、液位开环控制系统、液位的报警与报表、液位闭环控制系统、单容液位定值控制系统(ADAM4000 系列智能模块)等项目，每个项目必须在前一个项目的基础上进行，通过整个模块的学习，掌握 MCGS 组态软件模拟量工程的基本组态方法与组态步骤。

项目一 MCGS 组态工程液位控制系统概述

用 MCGS 工控组态软件实现对计算机控制系统的组态,必须了解控制系统的工艺流程、控制方案、硬件接线等,下面以单容液位定值控制系统为例来讨论控制系统的组建过程。本项目主要讨论单容液位定值控制系统的硬件组建过程。在项目三、四、五中讨论控制系统的软件组建过程及与装置联调的过程。

一、学习目标

1. 知识目标

(1) 掌握液位控制系统的基本知识。

(2) 掌握计算机直接数字控制系统的组成及工作原理。

(3) 掌握计算机直接数字控制系统的接线。

(4) 掌握计算机直接数字控制系统的控制原理。

(5) 掌握泓格 7017 模拟量输入模块的基本知识。

(6) 掌握泓格 7024 模拟量输出模块的基本知识。

2. 能力目标

(1) 初步具备简单工程的分析能力。

(2) 初步具备简单控制系统的构建能力。

(3) 增强独立分析、综合开发研究、解决具体问题的能力。

(4) 具备泓格 7017 模拟量输入模块的接线能力。

(5) 具备泓格 7024 模拟量输出模块的接线能力。

二、要求学生必备的知识与技能

1. 必备知识

(1) 检测仪表及调节仪表的基本知识。

(2) 简单控制系统的组成知识。

(3) 计算机控制的基本知识。

(4) A/D 转换的基本知识。

(5) D/A 转换的基本知识。

2. 必备技能

(1) 熟练的计算机操作技能。

(2) 变送器的调校技能。

(3) 控制器的调校技能。

三、相关知识

1. 模拟信号处理

在计算机控制系统中，生产过程与计算机之间是通过输入/输出通道连接起来的。输入通道将生产过程中的数字信号或模拟信号转换成计算机能够接收的数字信号，送到计算机进行处理；输出通道将计算机的控制信号转换为现场设备能够接收的信号，去控制生产过程的自动运行。

要实现对生产过程的控制，对于模拟量来说，首先要对现场的各种模拟信号进行采集，然后通过 A/D 转换器将模拟信号转换为数字信号，以便送到计算机进行运算和处理。计算机将输入的测量信号与预置的设定值进行比较、运算，将结果以数字信号的形式输出，经 D/A 转换器后输出模拟信号去控制执行器。

2. 模拟量输入信号处理

模拟量输入通道一般由传感器(变送器)、放大器、多路转换开关、采样保持器、A/D 转换器以及接口电路等组成。典型的模拟量输入通道的结构如图 3-1-1 所示。

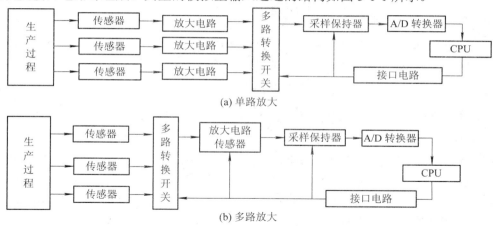

图 3-1-1 典型的模拟量输入通道结构

在模拟量输入通道中，传感器用来检测各种非电量过程变量，并将其转换为电信号。多路转换开关用来将多路模拟信号按要求分时输出。放大器将传感器输出的微弱电信号放大到 A/D 转换器所需要的电平。采样保持器对模拟信号进行采样，在模/数转换期间对采样信号进行保持。一方面，保证 A/D 转换过程中被转换的模拟量保持不变，以提高转换精度；另一方面，可将多个相关的检测点在同一时刻的状态量保持下来，以供分时转换和处理，确保各检测值在时间上的一致性。A/D 转换器将模拟信号转换为二进制数字信号。接口电路提供模拟量输入通道与计算机之间的控制信号和数据传送通路。

3. 模拟量输入信号采样过程

计算机对某个随时间变化的模拟量进行采样，是利用定时器控制开关，每隔一定时间使开关闭合完成一次采样。开关重复闭合的时间间隔 T 称为采样周期，其倒数 $f_s=1/T$ 称为采样频率。所谓采样过程，是指将一个连续的输入信号经开关采样后，转变为发生在采样开关闭合瞬时 0、T、$2T$、…、nT 的一连串脉冲输出信号 $f^*(t)$，如图 3-1-2 所示。

$$f^*(t) = \sum_{k=0}^{\infty} f(kT)\delta(t-kT) \tag{3-1-1}$$

式中，$f^*(t)$——输出脉冲序列；

$f(kT)$——输出脉冲数值序列；

$\delta(t-kT)$——发生在 $t=kT$ 时刻的单位脉冲。

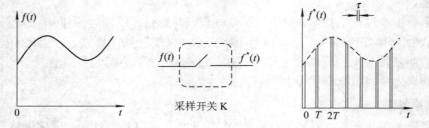

图 3-1-2　采样过程

单位脉冲函数的定义式为

$$\left.\begin{array}{c}\delta(t-kT) = \begin{cases} \infty, & t=kt \\ 0, & t \neq kt \end{cases} \\[2mm] \displaystyle\int_{-\infty}^{+\infty}\delta(t-kT)\,\mathrm{d}t = 1 \end{array}\right\} \tag{3-1-2}$$

根据理想单位脉冲函数的定义式(3-1-2)，在采样开关闭合时，$f(kT)$ 与 $f(t)$ 的瞬时值相等，式(3-1-1)还可改写成如下形式：

$$f^*(t) = f(t)\sum_{t=0}^{\infty}\delta(t-kT) \tag{3-1-3}$$

式(3-1-3)说明，数字控制系统中的采样过程可以理解为脉冲调制过程。在这里，采样开关只起着理想脉冲发生器的作用，通过它可将连续信号 $f(t)$ 调制成脉冲序列 $f^*(t)$。

4．香农采样定理

一个连续时间信号 $f(t)$，设其频带宽度是有限的，其最高频率为 f_{max}，如果在等间隔点上对该信号 $f(t)$ 进行连续采样，为了使采样后的离散信号 $f^*(t)$ 能包含原信号 $f(t)$ 的全部信息量，则采样频率只有满足下面的关系：

$$f_s \geqslant 2f_{max} \tag{3-1-4}$$

采样后的离散信号 $f^*(t)$ 才能够无失真地复现 $f(t)$。其中，f_s 为采样频率；f_{max} 为 $f(t)$ 的最高频率。

香农采样定理表明，采样频率 f_s 的选择至少要比 f_{max} 高两倍，对于连续模拟信号 $f(t)$，我们并不需要有无限多个连续的时间点上的瞬时值来决定其变化规律，而只需要有各个等间隔点上的离散抽样值就够了。另外，在实际工程中采样频率的选择还与采样回路数和采样时间有关，一般可根据具体情况选用：

$$f_s \geqslant (5\sim 10)f_{max} \tag{3-1-5}$$

5. 数字滤波

计算机控制系统的过程输入信号中，常常包含着各种各样的干扰信号。为了准确地进行测量和控制，必须设法消除这些干扰。对于高频干扰，可采用 RC 低通滤波网络进行模拟滤波。而对于中低频干扰分量(包括周期性、脉冲性和随机性的)，采用数字滤波是一种有效的方法。

数字滤波是通过编制一定的计算或判断程序，减少干扰在有用信号中的比重，提高信号真实性的滤波方法。与模拟滤波方法相比，它具有以下优点：

(1) 数字滤波是用程序实现的，不需要硬件设备，所以可靠性高、稳定性好。

(2) 数字滤波可以滤除频率很低的干扰，这一点是模拟滤波难以实现的。

(3) 数字滤波可以根据不同的信号采用不同的滤波方法，使用灵活、方便。

常用的数字滤波方法有程序判断滤波、中位值法滤波、递推平均滤波、加权递推平均滤波和一阶惯性滤波等。

1) 程序判断滤波

在控制系统中，由于在现场采样，幅度较大的随机干扰或由变送器故障所造成的失真，将引起输入信号的大幅度跳码，从而导致计算机控制系统的误动作，因此通常采用编制判断程序的方法来去伪存真，实现程序判断滤波。

程序判断滤波的具体方法是通过比较相邻的两个采样值，如果它们的差值过大，超出了变量可能的变化范围，则认为后一次采样值是虚假的，应予以废除，而将前一次采样值送入计算机。判断式为：

当 $|y(n)-y(n-1)| \leqslant b$ 时，取 $y(n)$ 输入计算机；

当 $|y(n)-y(n-1)| > b$ 时，取 $y(n-1)$ 输入计算机。

式中，$y(n)$——第 n 次采样值；

　　　$y(n-1)$——第 $n-1$ 次采样值；

　　　b——给定的常数值。

应用这种方法的关键在于 b 值的选择，而 b 值的选择主要取决于对象被测变量的变化速度，例如一个加热炉温度的变化速度总比一般的压力或流量的变化速度要缓慢些，因此可以按照该变量在两次采样的时间间隔内可能的最大变化范围确定 b 值。

2) 中位值法滤波

中位值法滤波是将某个被测变量在轮到它采样的时刻，连续采 3 次(或 3 次以上)值，从中选择大小居中的那个值作为有效测量信号。

中位值法对消除脉冲干扰和机器不稳定造成的跳码现象相当有效，但对于压力、流量等快速变化的过程变量则不宜采用。

3) 递推平均滤波

管道中的流量、压力或沸腾状液面的上下波动，会使其变送器输出信号出现频繁振荡的现象。若将此信号直接送入计算机，会导致控制算式输出紊乱，造成控制动作极其频繁，甚至执行器根本来不及响应，还会使控制阀因过分磨损而影响使用寿命，严重影响了控制品质。

上下频繁波动的信号有一个特点，即它始终在平均值附近变化，如图 3-1-3 所示。

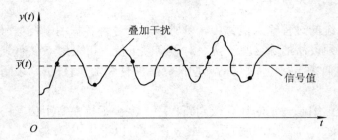

图 3-1-3　上下频繁波动的信号

图 3-1-3 中的黑点表示各个采样值。对于这类信号，仅仅依靠一次采样值作为控制依据是不正确的，通常采用递推平均的方法，即第 n 次采样的 N 项递推平均值是 $n, (n-1), \cdots, (n-N+1)$ 次采样值的算术平均。递推平均算式为

$$\overline{y}(n) = \frac{1}{N} \sum_{i=0}^{N-1} y(n-i) \tag{3-1-6}$$

式中，$\overline{y}(n)$——第 n 次 N 项的递推平均值；

　　　$y(n-i)$——往前递推第 i 项的测量值；

　　　N——递推平均的项数。

也就是说，第 n 次采样的 N 项递推平均值的计算，应该由 n 次采样往前递推 $(N-1)$ 项。N 值的选择对采样平均值的平滑程度与反应灵敏度均有影响。在实际应用中，可通过观察不同 N 值下递推平均的输出响应来决定 N 值的大小。目前在工程上，流量常用 12 项平均值，压力取 4 项平均值，温度没有显著噪声时可以不加平均值。

4) 加权递推平均滤波

递推平均滤波法的每一次采样值在结果中的比重是均等的，这会使时变信号产生滞后。为增加当前采样值在结果中所占的比重，提高系统对本次采样的灵敏度，可采用加权递推平均方法。一个 N 项加权递推平均算式为

$$\overline{y}(n) = \frac{1}{N} \sum_{i=0}^{N-1} C_i y(n-i) \tag{3-1-7}$$

式中，C_i——加权系数，各项系数应满足下列关系：

$$0 \leqslant C_i \leqslant 1 \ \text{且} \ \sum_{i=0}^{N-1} C_i = 1$$

5) 一阶惯性滤波

一阶惯性滤波器的动态方程式为

$$T \frac{\mathrm{d}\overline{y}(t)}{\mathrm{d}(t)} + \overline{y}(t) = y(t) \tag{3-1-8}$$

式中，T——滤波时间常数；

$\overline{y}(t)$——输出值；

$y(t)$——输入值。

令 $d\overline{y}(t) = \overline{y}(n) - \overline{y}(n-1)$，$d(t) = T_s$（采样周期），$\overline{y}(t) = \overline{y}(n)$，$y(t) = y(n)$。

则有

$$\frac{T}{T_s}\left[\overline{y}(n) - \overline{y}(n-1)\right] + \overline{y}(n) = y(n)$$

$$\frac{T + T_s}{T_s}\overline{y}(n) = y(n) + \frac{T}{T_s}\overline{y}(n-1) \tag{3-1-9}$$

$$\overline{y}(n) = \frac{T_s}{T + T_s}y(n) + \frac{T}{T + T_s}\overline{y}(n-1) \tag{3-1-10}$$

令

$$a = \frac{T}{T + T_s}$$

则有

$$\overline{y}(n) = (1-a)y(n) + a\overline{y}(n-1) \tag{3-1-11}$$

式中，a——滤波常数，$0<a<1$；

$\overline{y}(n)$——第 n 次滤波输出值；

$\overline{y}(n-1)$——第 $n-1$ 次滤波输出值；

$y(n)$——第 n 次滤波输入值。

一阶惯性滤波对周期性干扰具有良好的抑制作用，适用于波动频繁的变量滤波。

在实际应用上述几种数字滤波方法时，往往先对采样信号进行程序判断滤波，然后再用递推平均、加权递推平均或一阶惯性滤波等方法处理，以保持采样的真实性和平滑度。

6．模拟输出信号的处理

模拟信号的输出必须通过模拟量输出通道来完成。模拟量输出通道是计算机控制系统实现控制的关键。它的任务是把计算机输出的数字量转换成模拟电压或电流信号，以便驱动相应的执行机构，达到控制的目的。模拟量输出通道一般由输出接口电路、D/A 转换器、隔离级、输出级、执行器等组成。

1）一个通路设置一个数/模转换器的形式

微处理器和通路之间通过独立的接口缓冲器传送信息，这是一种数字保持的方案，如图 3-1-4 所示。它的优点是转换速度快、工作可靠，即使某一路 D/A 转换器有故障也不会影响其他通路的工作。其缺点是使用硬件较多、成本较高，但随着大规模集成电路技术的发展，这个缺点正在逐步得到克服。这种方案较易实现。

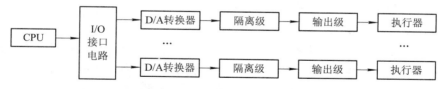

图 3-1-4　独立的多通道 D/A 转换结构

2) 多个通路共用一个数/模转换器的形式

图 3-1-5 为多路信号共用一个数/模转换器，因此它必须在微处理器控制下分时工作，即依次把 D/A 转换器转换成模拟电压(或电流)，通过多路开关传送到下一级电路。这种结构节省了数/模转换器，但因是分时工作，只适用于通路数量不多且速度要求不高的场合。因多路信号共用一个 D/A 转换器，所以其可靠性较差。

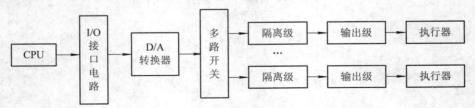

图 3-1-5　多路信号共用一个 D/A 转换器的结构

四、理实一体化教学任务

理实一体化教学任务见表 3-1-1。

表 3-1-1　理实一体化教学任务

任务一	泓格 7000 智能模块的功能
任务二	泓格 7017 模拟量输入模块简介
任务三	泓格 7024 模拟量输出模块简介
任务四	7000Utility 软件的使用说明
任务五	液位控制系统工艺流程
任务六	液位控制系统控制方案的设计
任务七	液位控制系统实训设备基本配置及接线
任务八	液位控制系统的组成及控制原理

五、理实一体化教学步骤

1. 泓格 7000 智能模块的功能

泓格 ICP 系列智能采集模块通过串口通信协议 (RS-232、RS-485 等)或其他通信协议与 PC 相连，并与外界现场信号直接相连或与由传感器转换过的外界信号相

泓格 7000 智能模块的功能

连，由 PC 中的程序控制，实现采集现场的模拟信号、处理采集到的现场信号、输出模拟控制信号、进行开关量输入/输出等功能。

2. 泓格 7017 模拟量输入模块简介

泓格 ICP 7017 模块是利用 RS-485 与上位机进行通信的 8 通道模拟量输入采集模块，输入信号有电压输入和电流输入两种类型，输入范围为 $-150\sim150$ mV、$-500\sim500$ mV、$-1\sim1$ V、$-5\sim5$ V、$-10\sim10$ V、$-20\sim20$ mA。其引脚图如图 3-1-6 所示。

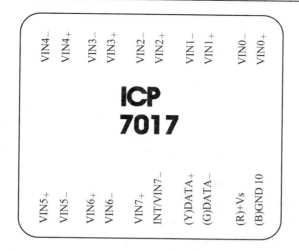

图 3-1-6　泓格 ICP 7017 模拟量输入模块引脚图

如果输入信号是电流信号，则先通过 250 Ω 的标准电阻转换成 1～5 V 的电压信号。具体接线方式如图 3-1-7 所示。

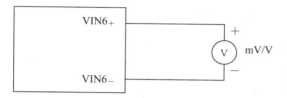

图 3-1-7　泓格 ICP 7017 接线图

3. 泓格 7024 模拟量输出模块简介

泓格 ICP 7024 是利用 RS-485 与上位机进行通信的 4 通道模拟量输出模块，可输出 4 路电压信号或 4 路电流信号，电流输出信号范围为 0～20 mA、4～20 mA，电压输出信号范围为 –10～10V、0～10V、–5～5V、0～5V。其引脚图如图 3-1-8 所示。

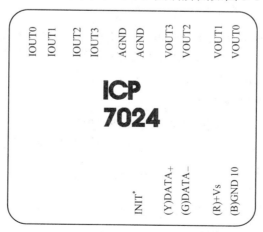

图 3-1-8　泓格 ICP 7024 模拟量输出模块引脚图

输出信号的接线方式如图 3-1-9 所示。

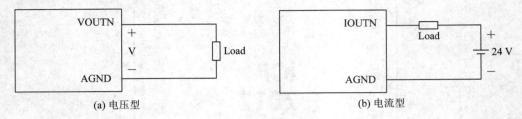

(a) 电压型　　　　　　　　　　　　　　　　(b) 电流型

图 3-1-9　输出信号的接线方式

4. 7000Utility 软件的使用说明

7000Utility 软件主要是为亚当模块提供以下功能：

(1) 检测与主机相连的亚当 7000 模块。

(2) 设置亚当 7000 模块的相关配置。

(3) 对亚当 7000 各个模块执行数据输入或数据输出。

(4) 保存检测到的亚当模块的信息(文件格式为*.map)。

5. 液位控制系统工艺流程图

液位控制系统工艺流程图见图 3-1-10。

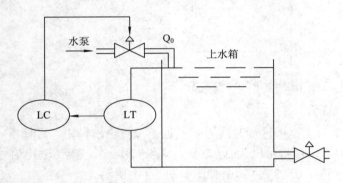

控制方案

接线图

图 3-1-10　液位控制系统工艺流程图

图 3-1-10 的液位控制系统是一个简单的控制系统，上水箱是被控对象，液位是被控变量，在没有干扰的情况下，液位的稳定条件是进水流量等于出水流量。在出水阀开度一定的情况下，若要使水箱里的液位稳定，就必须改变进水电动调节阀的开度。

6. 液位控制系统控制方案的设计

用泓格 7017 智能模块、泓格 7024 智能模块、PID 控制软设备实现对单容液位的定值控制，并用 MCGS 软件实现对各种参数的显示、存储与控制功能。

7. 液位控制系统实训设备基本配置及接线

(1) 实训设备基本配置：

　　　液位对象(有液位变送器和电动调节阀)　　　一套

　　　泓格 7017 模拟量输入模块　　　　　　　　一块

　　　泓格 7024 模拟量输出模块　　　　　　　　一块

RS-485/RS-232 转换接头及传输线　　　　一根

MCGS 运行狗　　　　　　　　　　　　　一只

计算机　　　　　　　　　　　　　　　　一台/人

(2) 实训接线。实训接线如图 3-1-11 所示，如果没有液位对象，可用信号发生器和电流表代替液位变送器和电动调节阀。

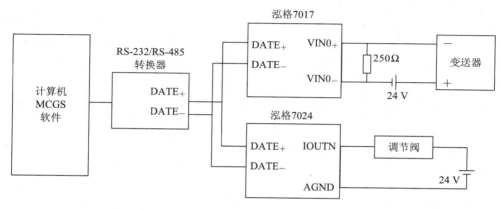

图 3-1-11　实训接线图

8. 液位控制系统的组成及控制原理

1) 控制系统的组成

单容液位定值控制系统采用计算机直接数字控制系统，其组成如图 3-1-12 所示。

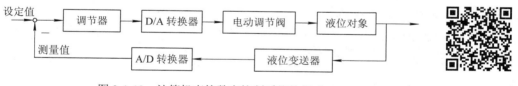

图 3-1-12　计算机直接数字控制系统的组成　　　　　控制原理

控制系统由液位对象、液位变送器、A/D 转换器、调节器、D/A 转换器、电动调节阀等组成，其中计算机完成控制器的作用。

2) 控制原理

液位信号经液位变送器的转换，将其按量程范围转换为 4～20 mA 的电流信号，经 250 Ω 的标准电阻转换为 1～5 V 的电压信号，然后送到泓格模数转换模块 7017 的 01 通道，将 1～5 V 的电压信号转换为数字信号，经 RS-485 到 RS-232 的转换，转换为计算机能够接收的信号送到计算机，计算机按人们预先规定的控制程序，对被测量进行分析、判断、处理，按预定的控制算法(如 PID 控制)进行运算，从而送出一个控制信号，经 RS-232 到 RS-485 的转换，然后送到泓格数模转换模块 7024 的 01 通道，转换为 4～20 mA 的电流信号送到调节阀，从而控制水箱的进水流量。

六、实操考核

项目考核采用步进式考核方式，考核内容如表 3-1-2 所示。

表 3-1-2　项目考核表

学　号		1	2	3	4	5	6	7	8	9	10	11	12	13
姓　名														
考核内容进程分值	泓格 7000 的功能(10 分)													
	泓格 7017 的功能(10 分)													
	泓格 7024 的功能(10 分)													
	软件的使用(10 分)													
	系统工艺流程(10 分)													
	控制方案的设计(10 分)													
	控制系统接线(10 分)													
	系统的组成(10 分)													
	系统的控制原理(10 分)													
	系统硬件接线测试(10 分)													
扣分	安全文明													
	纪律卫生													
总　评														

七、注意事项

(1) 磁力驱动泵的正、反转方向不可弄错。

(2) 磁力驱动泵严禁无水运转。

(3) 强电的接线不要接错，特别是 220 V 和 380 V 的接线。

(4) 注意两个智能模块的接线要正确。

项目二　液位开环控制系统

本项目主要讨论液位开环控制系统的 MCGS 组态方法、软件调试及与装置联调的过程。

一、学习目标

1. 知识目标

(1) 掌握 MCGS 工程的建立。

(2) 掌握数据库的组态。

(3) 掌握设备的组态。

(4) 掌握用户窗口的组态。

(5) 掌握流程图的组态。

(6) 掌握各类显示的组态。

(7) 掌握曲线的组态。

(8) 掌握切换按钮的组态。

(9) 掌握主控窗口的组态。

2. 能力目标

(1) 初步具备简单工程的分析能力。

(2) 初步具备处理输入通道数据的能力。

(3) 初步具备处理输出通道数据的能力。

(4) 初步具备绘制流程图的能力。

(5) 初步具备调试各类显示、曲线、按钮、菜单的能力。

(6) 初步具备开环控制系统组态与装置联调的能力。

二、要求学生必备的知识与技能

1. 必备知识

(1) 检测仪表及调节仪表的基本知识。

(2) 开环控制系统的组成及工作原理。

(3) 计算机输入通道基本知识。

(4) 计算机输出通道基本知识。

(5) 集散控制系统基本知识。

(6) 泓格 7017 模拟量输入模块基本知识。

(7) 泓格 7024 模拟量输出模块基本知识。

2. 必备技能

(1) 熟练的计算机操作技能。

(2) 开环控制系统的组建技能。

(3) 泓格 7017 模拟量输入模块的接线能力。

(4) 泓格 7024 模拟量输出模块的接线能力。

三、相关知识

1. 理想 PID 控制算法

按偏差的比例、积分和微分控制(以下简称 PID 控制)，是控制系统中应用最广泛的一种控制规律。在 PID 控制系统中，引入偏差的比例控制以保证系统的快速性，引入偏差的积分控制以提高控制精度，引入偏差的微分控制来消除系统惯性的影响。其控制结构如图 3-2-1 所示。

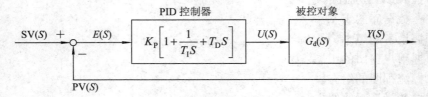

图 3-2-1　理想 PID 控制结构图

在 PID 控制系统中，控制器将根据偏差 $e = \mathrm{SV} - \mathrm{PV}$(设定值 SV 与测量值 PV 之差)，给出控制信号 $u(t)$。在时间连续的情况下，理想 PID 常用以下形式表示：

$$u(t) = K_\mathrm{P}\left[e(t) + \frac{1}{T_\mathrm{I}} \int e(t)\,\mathrm{d}t + T_\mathrm{D} \frac{\mathrm{d}e(t)}{\mathrm{d}t} \right] \tag{3-2-1}$$

$$U(S) = K_\mathrm{P}E(S)\left[1 + \frac{1}{T_\mathrm{I}S} + T_\mathrm{D}S \right] \tag{3-2-2}$$

式中，K_P——控制器比例增益；

T_I——积分时间；

T_D——微分时间。

由于在计算机控制系统中，计算机只能每隔一定的时间(采样周期 T)才能完成一次检测、计算并输出控制，因此必须将原来的 PID 微分方程经过差分处理后变成相应的差分方程。

积分与求和的关系可用图 3-2-2 来进行说明。

图 3-2-2　$e(t)$曲线分割图

事实上，$\int_0^t e(t)\,\mathrm{d}t$ 就是 $e(t)$ 曲线与横轴在 $0\sim t$ 之间所包围的曲边梯形的面积，将此面积以采样周期 T 为宽度分割成 n 段，当 T 很小时，每段面积近似为 $e(iT)\cdot T$，按这种方法近似处理，则积分项

$$\int e(t)\,\mathrm{d}t = \int_0^t e(t)\,\mathrm{d}t \approx e(T)\cdot T + e(2T)\cdot T + \cdots + e(nT)\cdot T = \sum_{i=1}^{n} e(iT)\cdot T \tag{3-2-3}$$

设采样周期为 T，取 $t=nT$，$\mathrm{d}t\approx T$，$\mathrm{d}e(t)\approx e(nT)-e[(n-1)T]$，$\int e(t)\,\mathrm{d}t \approx \sum_{i=1}^{n} e(iT)\cdot T$，采用差分近似法分别代入式(3-2-1)中，得

$$u(nT) = K_P\left\{e(nT) + \frac{T}{T_I}\sum_{i=1}^{n} e(iT) + \frac{T_D}{T}\left[e(nT)-e(n-1)T\right]\right\} \tag{3-2-4}$$

可简写为

$$u(n) = K_P\left\{e(n) + \frac{T}{T_I}\sum_{i=1}^{n} e(i) + \frac{T_D}{T}\left[e(n)-e(n-1)\right]\right\} \tag{3-2-5}$$

$\sum_{i=1}^{n} e(iT)\cdot T$ 虽属离散量，但随着时间的增长，累积结果会无限加大，给实际的计算机计算带来困难，所以常将式(3-2-5)进一步化简成递推形式，即令 $n=n-1$，代入式(3-2-5)后得

$$u(n-1) = K_P\left\{e(n-1) + \frac{T}{T_I}\sum_{i=1}^{n-1} e(i) + \frac{T_D}{T}\left[e(n-1)-e(n-2)\right]\right\} \tag{3-2-6}$$

用式(3-2-5)减去式(3-2-6)，得控制器输出的增量表达式为

$$\Delta u(n) = u(n) - u(n-1)$$

$$= K_P\left\{e(n)-e(n-1) + \frac{T}{T_I}e(n) + \frac{T_D}{T}\left[e(n)-2e(n-1)-e(n-2)\right]\right\} \tag{3-2-7}$$

输出采用增量算式时，控制量可按下式计算：

$$u(n) = u(n-1) + \Delta u(n) \tag{3-2-8}$$

2．理想 PID 控制算法的改进

1）积分分离

在一般的 PID 控制中，当启动、停车或大幅度改变设定值时，由于在短时间内产生很

大的偏差，往往会导致严重的积分饱和现象，以致造成很大的超调和长时间的振荡。为了克服这个缺点，可采用积分分离方法，即在被控制量开始跟踪时，取消积分作用，而当被控变量接近设定值时，才将积分作用投入以消除余差。

$$\Delta u(n) = \begin{cases} K_P\left\{e(n) - e(n-1) + \dfrac{T_D}{T}\left[e(n) - 2e(n-1) + e(n-2)\right]\right\} & |e(n)| \geq B \\[4mm] K_P\left\{e(n) - e(n-1) + \dfrac{T}{T_I}e(n) + \dfrac{T_D}{T}\left[e(n) - 2e(n-1) + e(n-2)\right]\right\} & |e(n)| < B \end{cases} \tag{3-2-9}$$

在单位阶跃信号的作用下，将积分分离式的 PID 控制与普通的 PID 控制响应结果进行比较，如图 3-2-3 所示。可以发现，前者超调小，过渡时间短。

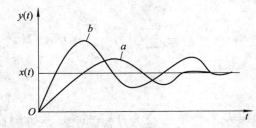

a—积分分离式的 PID 控制过程；b—普通的 PID 控制过程。

图 3-2-3　两种控制效果比较

2) 微分先行

微分先行是只对被控变量求导，而不对设定值求导。这样，在改变设定值时，输出不会突变，而被控变量的变化通常总是比较和缓的。此时控制算法为

$$\Delta u_d(k) = -K_D\left[y(k) - 2y(k-1) + y(k-2)\right] \tag{3-2-10}$$

微分先行的控制算法明显改善了随动系统的动态特性，而且不会影响静态特性，所以这种控制算法在模拟式控制器中也在采用。

与常规 PID 运算(如图 3-2-4)相比较，微分先行 PID 运算规律(如图 3-2-5 所示)中，测量值 PV 经过了微分(D)运算，而给定值 SV 只经过了比例积分(PI)运算。

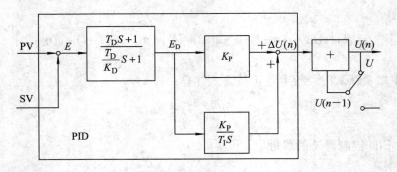

图 3-2-4　常规 PID 运算框图

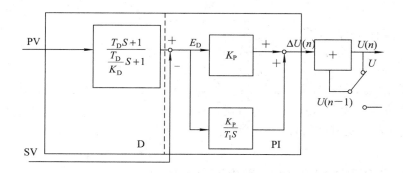

图 3-2-5　微分先行 PID 运算框图

控制器输出 $U(S)$ 可用下式表示：

$$U(S) = K_P\left(1 + \frac{1}{T_I S}\right)E_D(S) \tag{3-2-11}$$

$$E_D(S) = \left[\frac{T_D S + 1}{(T_D / K_D)\ S + 1}\right]PV - SV \tag{3-2-12}$$

而

$$U(S) = \left[\frac{T_D S + 1}{(T_D / K_D)\ S + 1}\right]\left(1 + \frac{1}{T_I S}\right)K_P\,PV(S) - \left(1 + \frac{1}{T_I S}K_P\,SV(S)\right) \tag{3-2-13}$$

由上式可见，SV 项无微分作用，当人工改变 SV 值时不会给控制系统带来附加扰动。

四、理实一体化教学任务

理实一体化教学任务见表 3-2-1。

表 3-2-1　理实一体化教学任务

任务一	工程的建立
任务二	数据库组态
任务三	设备组态
任务四	用户窗口组态
任务五	流程图组态
任务六	显示组态
任务七	曲线组态
任务八	切换按钮组态
任务九	主控窗口组态

五、理实一体化教学步骤

1. 工程的建立

(1) 打开 MCGS 组态环境。依次单击"开始"→"程序"→"MCGS 组态软件"→"MCGS 组态环境"菜单项，打开 MCGS 组态环境。

(2) 新建工程。选择"文件"→"新建工程"菜单项，新建 MCGS 工程，如图 3-2-6 所示。

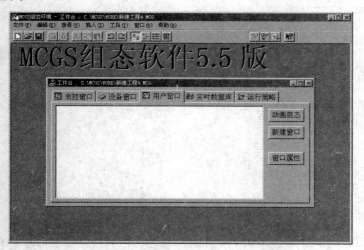

数据库组态

图 3-2-6　新建工程界面

(3) 工程命名。将工程以"单容液位定值控制系统.MCG"为文件名保存在相应的文件夹下。

2. 数据库组态

实时数据库是 MCGS 系统的核心，也是应用系统的数据处理中心，系统各部分均以实时数据库为数据公用区，进行数据交换、数据处理和实现数据的可视化处理。

1) 数据库规划

数据库规划见表 3-2-2。

表 3-2-2　数据库规划

变量名	类型	注　释	变量名	类型	注　释
sv	数值型	给定值 0~200 mm	ti	数值型	积分时间 0~9999
pv	数值型	测量值 0~200 mm	mv1	数值型	7024 的 1 通道输出
pv1	数值型	7017 的 1 通道输入	mv	数值型	手动输出 0~100
k	数值型	比例系数 0~9999	hh	组对象	
td	数值型	微分时间 0~9999			

2) 定义对象

(1) 单击工作台中的"实时数据库"窗口标签，进入实时数据库窗口，如图 3-2-7 所示。

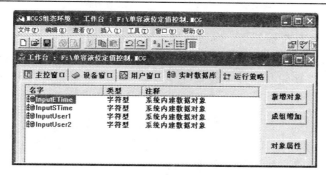

图 3-2-7　实时数据库窗口

（2）单击"新增对象"按钮，在窗口的数据对象列表中增加新的数据对象，系统缺省定义的名称为"Data1""Data2""Data3"等(多次点击该按钮，可增加多个数据对象)。

（3）选中对象，按"对象属性"按钮，或双击选中对象，则打开数据对象属性设置窗口。

（4）如图 3-2-8 所示，将"对象名称"改为 sv，"对象类型"选择为数值型；在"对象内容注释"输入框内输入"给定值 0~200 mm"，然后单击"确认"按钮。

按照此步骤，依次创建表 3-2-2 所列的数据对象。

3) 定义组对象

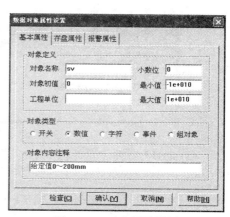

图 3-2-8　对象属性设置

定义组对象与定义其他数据对象略有不同，需要对组对象成员进行选择。

(1) 单击"新增对象"按钮，对象属性设置如图 3-2-9 所示，完成后单击"确认"按钮。

(2) 在数据对象列表中，双击"hh0"，打开"数据对象属性设置"窗口，如图 3-2-10 所示。

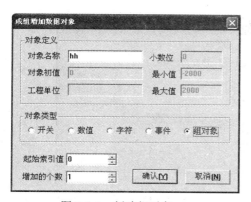

图 3-2-9　新建组对象

图 3-2-10　组对象属性设置

(3) 选择"组对象成员"标签页，在左边数据对象列表中选择"pv"，点击"增加"按钮，数据对象 pv 被添加到右边的组对象成员列表中。按照同样的方法将 sv、mv 添加到组对象成员中。

(4) 单击"存盘属性"标签页，在"数据对象值的存盘"选择框中，选择"定时存盘，并将存盘周期设为 60 秒"。

(5) 单击"确认"按钮，组对象设置完毕。

设备组态

3. 设备组态

(1) 打开工作台中的"设备窗口"标签页，双击设备窗口，在空白处单击鼠标右键，打开"设备工具箱"，添加如图 3-2-11 所示的设备。

(2) 通用串口父设备属性设置如图 3-2-12 所示。

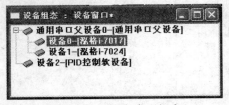

图 3-2-11　设备窗口组态

图 3-2-12　通用串口父设备属性设置

(3) 7017 属性设置如图 3-2-13 所示。

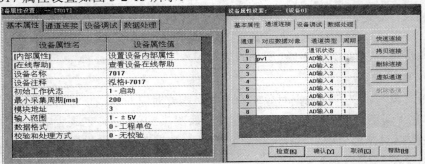

图 3-2-13　7017 属性设置

(4) 7024 属性设置如图 3-2-14 所示。

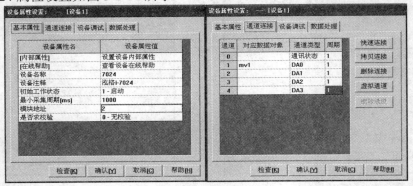

图 3-2-14　7024 属性设置

至此，设备组态完毕。

4. 用户窗口组态

本窗口主要用于设置工程中人机交互的界面，可生成各种动画显示画面、报警输出、数据与曲线图表等。

(1) 单击"用户窗口"标签页，选择新建窗口，在窗口"基本属性"中将窗口名称改为"单容定值"，如图3-2-15所示。

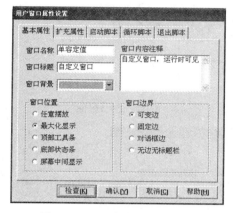

窗口组态

图3-2-15　用户窗口属性设置

(2) 用同样的方法新建如图3-2-16所示的窗口总貌图。

图3-2-16　窗口总貌图

5. 流程图组态

(1) 双击"单容定值"窗口，打开动画组态界面，绘制如图3-2-17所示的图形。

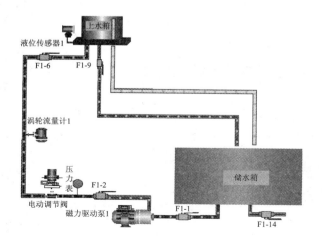

流程图组态

图3-2-17　工艺流程图

(2) 各种水箱的绘制。

① 点击工具箱中的矩形框按钮，在动画组态界面上画一个矩形框，双击矩形框，设置矩形框属性，如图 3-2-18 所示。

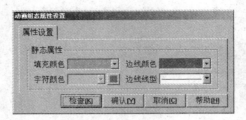

图 3-2-18　设置矩形框属性

② 选择填充颜色中的填充效果，设置填充效果，如图 3-2-19 所示。

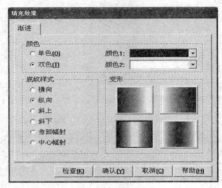

图 3-2-19　填充效果的设置

③ 按步骤①、②绘制其他水箱。

(3) 文本的绘制。

① 单击工具条中的"工具箱"按钮，打开绘图工具箱。选择"工具箱"内的"标签"按钮，鼠标的光标呈"十"字形，在窗口顶端中心位置拖曳鼠标，根据需要拉出一个一定大小的矩形，在光标闪烁位置输入文字"单容液位定值控制系统"，按回车键或在窗口任意位置用鼠标点击一下，文字即输入完毕。双击文本框设置属性，"填充颜色"选择为"无填充色"，"字符颜色"选择为"红色"，如图 3-2-20 所示。

图 3-2-20　文本框属性设置

② 按步骤①绘制其他文本。

(4) 流动块的绘制。点击工具箱中的"流动块"按钮，在动画组态界面上画一个流动块，流动块的叠放次序可通过快捷菜单的排列选项菜单来设置，双击流动块，设置流动块属性，如图3-2-21所示，可根据具体情况调整相关数据。

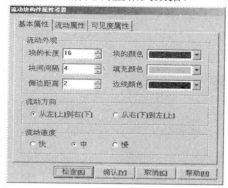

图3-2-21　流动块属性设置

(5) 各种设备的绘制。

① 从工具箱内的插入元件按钮中找出所需要的元件，如图 3-2-22 所示，放在动画组态界面上。(此项可将各种阀、泵及各种仪表放在动画组态界面上。)

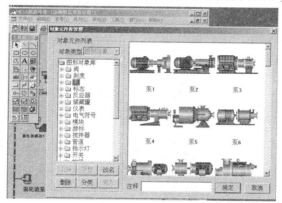

图3-2-22　插入元件

② 选中插入的元件，单击鼠标右键从快捷菜单中选择排列中的分解单元，再单击鼠标右键选择排列中的分解图符，将设备分解为很多图符，如图3-2-23所示。

③ 删除多余的线条，绘制与现场一样的设备，然后合成一个图符，如图3-2-24所示。

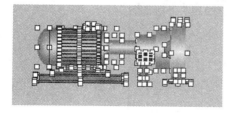

图3-2-23　分解单元

图3-2-24　绘制现场设备

④ 利用工具箱绘出其他动画组件，然后进行组合和设置，最终绘制出如图3-2-17所示的工艺流程图。

6. 显示组态

(1) 条形显示的绘制。

显示组态

① 点击工具箱内的"矩形框"按钮，在动画组态界面上画六个矩形框，然后双击矩形框，设置矩形框属性，如图 3-2-25 所示。

② 将其中三个填充颜色选择为黑色，作为测量值、设定值和输出值的底色，其余三个填充颜色选择为红色、绿色、紫色，作为测量值、设定值和输出值的显示颜色，如图 3-2-26 所示。

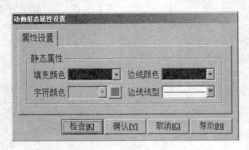

图 3-2-25　矩形框属性设置

图 3-2-26　填充颜色选择

③ 测量值、设定值和输出值的显示矩形框除了设置填充颜色，还需设置输出特性。测量值的输出特性设置如图 3-2-27 所示。

④ 设定值的输出特性设置如图 3-2-28 所示。

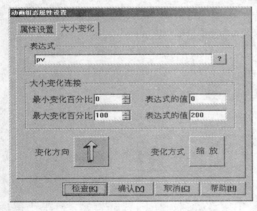

图 3-2-27　测量值的输出特性设置

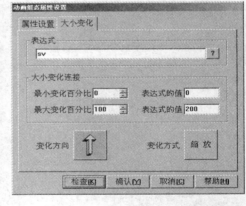

图 3-2-28　设定值的输出特性设置

⑤ 输出值的输出特性设置如图 3-2-29 所示。

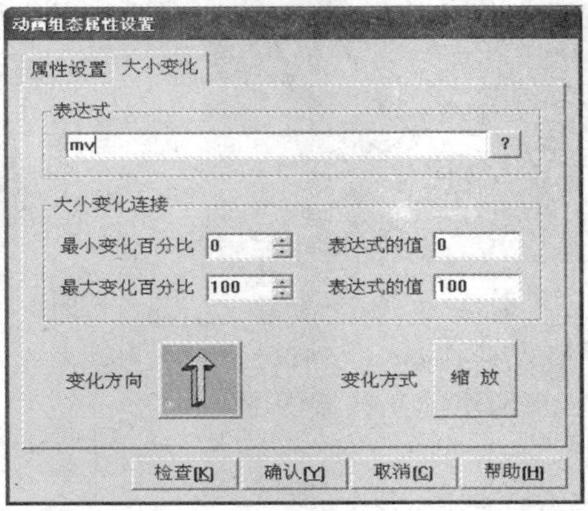

图 3-2-29　输出值的输出特性设置

⑥ 设置完毕后，将三个彩色矩形框置于三个黑色矩形框上方。最后的结果如图 3-2-30 所示。

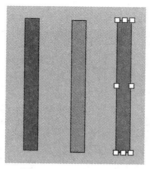

图 3-2-30 条形显示

(2) 刻度的设置。点击工具箱中的"插入元件"按钮，插入相应的刻度，刻度属性选择"默认值"，最终效果如图 3-2-31 所示。

(3) 设置数字显示组态，如图 3-2-32 所示。

图 3-2-31 刻度显示

图 3-2-32 数字显示组态

① 绘制文字部分。

② 数字显示部分。选择工具箱中的"标签"按钮，分别添加六个"标签"，属性设置中将"填充颜色"设为黑色，"边线颜色"设为"无色"，"字符颜色"设为红色，旁边分别贴上如图 3-2-32 所示的标签，双击设置好的黑框，选择"显示输出"，将表达式分别设为 "sv""pv""mv""k""ti""td"。如图 3-2-33 所示为设定值标签设置。

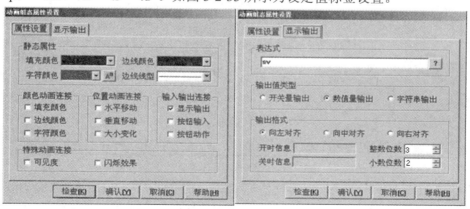

图 3-2-33 数字显示设置

③ 打开工具箱,选择标准按钮,在动画组态界面上画一个按钮,然后双击按钮设置属性,将开关名称改为设置。在开关上再绘制一个矩形框,设定值设置按钮属性设置如图3-2-34 所示。

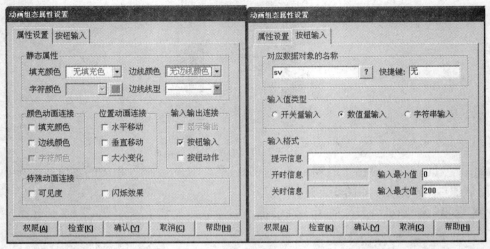

图 3-2-34　设定值设置按钮属性

④ 测量值设置按钮属性设置中,属性设置标签中的设置同设定值属性,按钮输入标签由 sv 改为 pv,其余同设定值的设置。

⑤ 比例系数设置的按钮属性设置中,属性设置标签中的设置同设定值属性,按钮输入标签由 sv 改为 k,输入最大值改为 9999,其余同设定值的设置。

⑥ 积分时间设置的按钮属性设置中,按钮输入标签由 sv 改为 ti,其余同比例系数设置。

⑦ 微分时间设置的按钮属性设置中,按钮输入标签由 sv 改为 td,其余同比例系数设置。

(4) 手动输出。单击工具箱中的"滑动输入器",在窗口中绘制滑动输入器,然后双击滑动输入器,设置其属性,如图 3-2-35 所示,将其对应数据对象名称设置为"mv"。

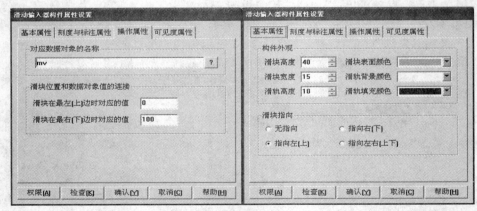

图 3-2-35　滑动输入器属性设置

(5) 选择"文件"→"进入运行环境"菜单项或单击工具栏中的"进入运行环境"按钮,用相应的设置按钮设置 sv、pv、mv 的数值,验证条形显示、数字显示、设置按钮、滑动输入器运行是否正常,如图 3-2-36 所示。

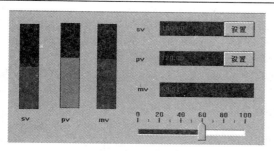

曲线组态

图3-2-36　显示组态效果图

7. 曲线组态

(1) 实时曲线的绘制。

① 打开实时曲线用户窗口，点击工具箱中的"实时曲线"按钮，按住鼠标左键拖出一个矩形，然后松开鼠标即可。双击实时曲线网格，设置基本属性，如图3-2-37所示。

② 单击"标注属性"标签，属性设置如图3-2-38所示，注意"时间格式"与"最大值"的设置。

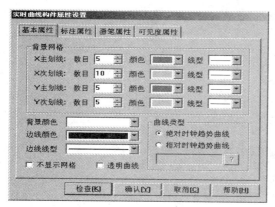

图3-2-37　实时曲线基本属性设置

图3-2-38　实时曲线标注属性设置

③ 点击"画笔属性"标签，属性设置如图3-2-39所示，画笔属性中曲线的颜色应与条形显示相对应。

图3-2-39　实时曲线画笔属性设置

④ 将实时曲线构件的"可见度属性"选为"可见"。

⑤ 绘制一个按钮，按钮名称为"返回"，"操作属性"设置如图 3-2-40 所示。

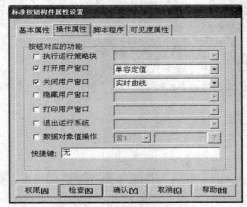

图 3-2-40　按钮的操作属性设置

⑥ 实时曲线窗口动画组态效果如图 3-2-41 所示。

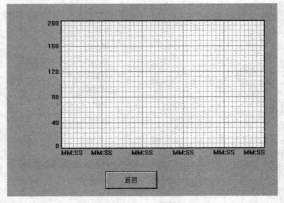

图 3-2-41　实时曲线窗口动画组态效果图

(2) 历史曲线组态。

① 打开数据库组态，双击 hh0 组对象，"存盘属性"设置如图 3-2-42 所示。

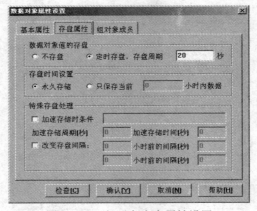

图 3-2-42　组对象存盘属性设置

② "组对象成员"属性设置如图 3-2-43 所示。

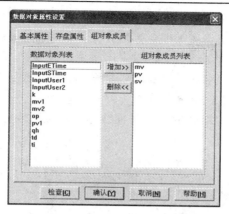

图 3-2-43　组对象成员属性设置

③ 关闭数据库组态，打开历史曲线窗口，进入动画组态环境，单击工具箱中的"历史曲线"按钮，按住鼠标左键拖出一个矩形，然后松开鼠标即可。画出的历史曲线如图 3-2-44 所示。

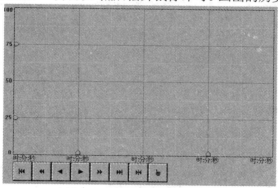

图 3-2-44　历史曲线绘制

④ 打开历史曲线动画组态界面，双击历史曲线，分别设置各项属性。

⑤ 基本属性设置：将曲线的名称改为历史曲线，注意主划线、次划线的数目要合理设置。

⑥ "存盘数据"标签页的设置如图 3-2-45 所示。

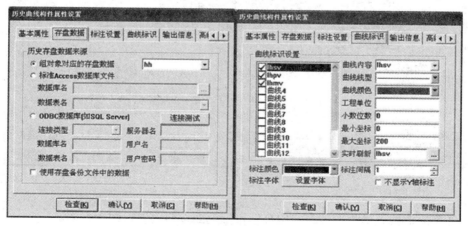

图 3-2-45　历史曲线属性设置

⑦ "标注设置"标签页设置选择 MCGS 时间，其余选择默认值。

⑧ "曲线标识"标签页设置如图 3-2-45 所示，注意曲线颜色应与条形显示对应。

⑨ "输出信息"与"高级属性"标签采用系统默认设置。

⑩ 绘制一个按钮，按钮名称为"返回"，"操作属性"设置参考下一项切换按钮组态，历史曲线的最后效果图如图 3-2-46 所示。

(3) 进入运行环境，验证实时曲线、历史曲线运行是否正常。实时曲线运行图如图 3-2-47 所示。

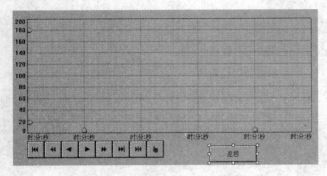

图 3-2-46　历史曲线的最后效果图　　　　　图 3-2-47　实时曲线运行图

8. 切换按钮组态

(1) 绘制两个画面切换按钮，如图 3-2-48 所示。

(2) 双击按钮，在"基本属性"标签页中将按钮标题分别改为"实时曲线""历史曲线"。

(3) 在"操作属性"标签页中选择打开用户窗口，分别选择需要打开的窗口为实时曲线、历史曲线，如图 3-2-49 所示。

切换按钮主控窗口组态

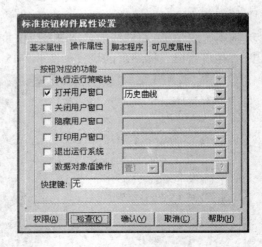

图 3-2-48　切换按钮　　　　　　　　　图 3-2-49　按钮操作属性设置

(4) 在实时曲线、历史曲线窗口中分别设置返回按钮，以返回主界面。

(5) 进入运行环境，验证切换按钮运行是否正常。

9. 主控窗口组态

(1) 主控窗口属性设置。

① "基本属性"设置采用默认值。

② "启动属性"设置如图 3-2-50 所示。

(2) 菜单设置。

① 在主控窗口中，双击主控窗口，出现如图 3-2-51 所示的对话框。

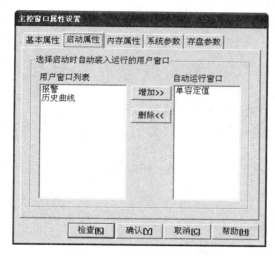

图 3-2-50　启动属性设置

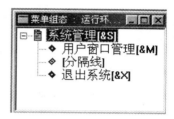

图 3-2-51　菜单设置对话框

② 右击"系统管理"，选择"新增菜单项"，双击操作标签页设置"菜单属性"，如图 3-2-52 所示。

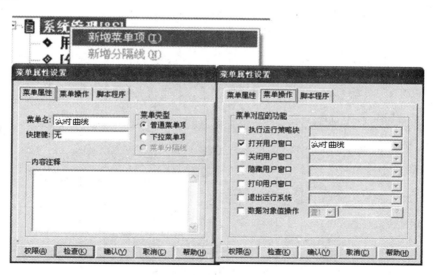

图 3-2-52　菜单属性设置

③ 重复步骤②，依次增加"单容定值""历史曲线"等菜单，运行时的菜单显示如图 3-2-53 所示。

系统管理[S]　　单容定值　　历史曲线

图 3-2-53　菜单运行效果图

(3) 进入运行环境，验证菜单切换是否正常。

10. 循环脚本程序

打开用户窗口中的单容定值窗口，在窗口空白处双击或单击鼠标右键选择"属性"，在循环脚本中输入以下程序：

```
pv=(pv1/1000-1)*50
mv1=mv/6.25+4
```

11. 系统联调

(1) 启动对象单元，启动 MCGS 运行环境，进入单容液位定值控制主界面。

(2) 改变滑动输入器的输出信号，观察现场电动调节阀的开度是否随滑动输入器信号的变化而变化。

(3) 改变水箱中的液位高度，观察测量值的显示是否随水箱中液位信号的变化而变化。

六、实操考核

项目考核采用步进式考核方式，考核内容见表 3-2-3。

表 3-2-3　项目考核表

学　号	1	2	3	4	5	6	7	8	9	10	11	12	13
姓　名													
工程的建立(5 分)													
数据库组态(10 分)													
设备组态(10 分)													
用户窗口组态(5 分)													
流程图组态(10 分)													
显示组态(20 分)													
实时曲线(10 分)													
历史曲线(20 分)													
切换按钮组态(5 分)													
主控窗口组态(5 分)													
扣分　安全文明													
纪律卫生													
总　评													

（表格左侧竖排文字：考核内容进程分值）

七、注意事项

(1) 数据库组态时一定要注意变量的数据类型是否正确。

(2) 设备组态时要注意通道的连接是否正确。

(3) 显示组态时要注意各类显示控件的连接是否正确。

(4) 历史曲线组态时注意组对象、单个对象的存盘属性设置要正确。

(5) 菜单、按钮切换时要注意窗口的连接。

(6) 各项组态必须在仿真机房调试通过。

项目三　　液位的报警与报表

本项目主要讨论控制系统中重要参数的报警、报表组态方法及调试方法。

一、学习目标

1. 知识目标

(1) 掌握报警的组态。

(2) 掌握实时报表的组态。

(3) 掌握存盘数据浏览的组态。

(4) 掌握 Access 报表的组态。

(5) 掌握 Excel 报表的组态。

(6) 掌握用户权限的设置。

2. 能力目标

(1) 初步具备对控制系统中重要参数报警的组态能力。

(2) 初步具备对控制系统中重要参数实现实时报表的组态能力。

(3) 初步具备对控制系统中重要参数实现存盘数据浏览的组态能力。

(4) 初步具备将控制系统中重要参数导出到 Access 报表的组态能力。

(5) 初步具备将控制系统中重要参数导出到 Excel 报表的组态能力。

(6) 初步具备对报警及各类报表调试的能力。

(7) 初步具备对用户权限的设置技能。

二、要求学生必备的知识与技能

1. 必备知识

(1) 检测仪表及调节仪表的基本知识。

(2) 开环控制系统的组成及工作原理。

(3) 计算机输入通道基本知识。

(4) 计算机输出通道基本知识。

(5) 开环控制系统的组态。

2. 必备技能

(1) 熟练的计算机操作技能。

(2) 开环控制系统硬件组建技能。

(3) 开环控制系统的组态技能。

(4) 开环控制系统的组态调试能力。

(5) 开环控制系统的联调能力。

三、理实一体化教学任务

理实一体化教学任务见表 3-3-1。

表 3-3-1　理实一体化教学任务

任务一	报警组态
任务二	实时报表组态
任务三	存盘数据浏览组态
任务四	Access 报表组态
任务五	Excel 报表组态
任务六	用户权限的设置

四、理实一体化教学步骤

1. 报警组态

(1) 打开数据库，建立相应的报警组对象 BJ，添加组对象成员 pv、sv、mv，分别选中每一个成员并对每一个成员设置上、下限报警值，上限为 90%，下限为 10%。

报警组态

(2) 在用户窗口中新建一个窗口，将窗口标题改为"报警"。打开报警窗口，进入动画组态环境，单击工具箱中的"报警显示"按钮，按住鼠标左键拖出一个矩形，然后松开鼠标即可。画出的报警显示如图 3-3-1 所示。

图 3-3-1　报警显示

(3) 双击报警显示框，设置报警显示构件属性，在"基本属性"中，选择对应的组对象的名称为"hh"，报警显示构件的可见度属性选择为"可见"。

(4) 报警应答：操作员对产生报警的对象作了相应的处理，同时，MCGS 将自动记录应答的时间(此项操作要选取数据对象的报警信息自动存盘属性才有效)。选中报警窗口，点击"窗口属性"，选择"循环脚本"标签页，再选择"打开脚本程序编辑器"→"系统函数"→"数据对象操作"→"AnswerAlm( )"，设置如图 3-3-2 所示。

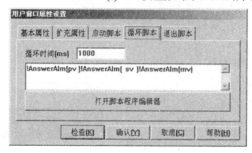

图 3-3-2　报警应答设置

(5) 绘制一个按钮，按钮名称为"返回"，"操作属性"设置同实时曲线。

(6) 报警动画组态最后的效果图如图 3-3-3 所示。

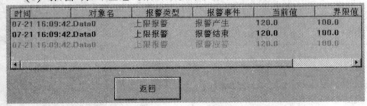

实时报表组态

图 3-3-3　报警动画组态的效果图

2. 实时报表组态

(1) 在用户窗口中新建一个窗口，将窗口标题改为"实时报表"。打开实时报表窗口，进入动画组态环境，单击工具箱中的"自由表格"按钮，按住鼠标左键拖出一个矩形，然后松开鼠标即可。画出的自由表格如图 3-3-4 所示。

(2) 双击自由表格，根据需要增加或删除其中的行和列。双击自由表格进入编辑状态，双击 A1、A2、A3 分别填入测量值、给定值、输出值；单击 A1，点击鼠标右键选择"连接"，在 B*1* 单击鼠标右键，在弹出的窗口中选择 sv；同理，在 B*2* 选择 pv，在 B*3* 选择 mv。

(3) 绘制一个按钮，按钮名称为"返回"，"操作属性"设置时，"打开用户窗口"选择"实时报表"。

(4) 实时报表最后的效果如图 3-3-5 所示。

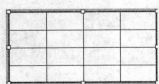

图 3-3-4　绘制的自由表格

测量值	100	
给定值	100	
输出值	50	

返回

图 3-3-5　报表组态效果图

3. 存盘数据浏览

(1) 在用户窗口中新建一窗口，将窗口标题改为"存盘数据浏览"。

(2) 双击此窗口进入动画组态环境，单击工具箱中的"存盘数据浏览"按钮，按住鼠标左键拖出一个矩形，然后松开鼠标即可。存盘数据浏览界面如图 3-3-6 所示。

(3) 双击存盘数据浏览界面，设置其属性。

(4) "基本属性"采用默认设置。

(5) 数据来源选择 hh 组对象。

(6) "显示属性""时间条件"设置如图 3-3-7 所示。

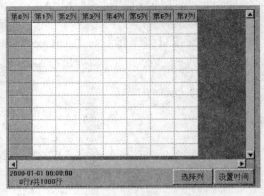

图 3-3-6　存盘数据浏览界面

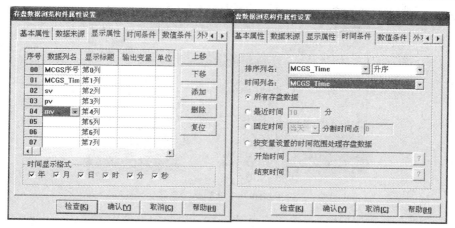

图3-3-7　显示属性和时间条件设置

（7）其他属性设置采用默认设置。

（8）绘制一个按钮，按钮名称为"返回"，"操作属性"设置为连接存盘数据浏览。

（9）存盘数据浏览运行效果如图3-3-8所示。

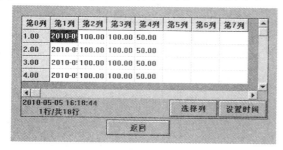

存盘数据浏览组态

图3-3-8　存盘数据浏览运行效果图

4. Access 报表组态

（1）打开工作台中的"运行策略"标签页，点击"新建策略"按钮，选择"循环策略"，新建的策略如图3-3-9所示。

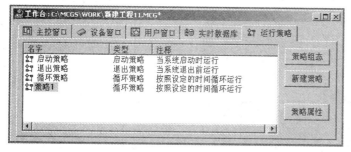

Access 报表组态

图3-3-9　新建的策略

（2）单击"策略1"，点击"策略属性"，设置策略名称为"Access报表"。

（3）双击"Access报表策略"，弹出策略组态窗口，单击鼠标右键选择"新增策略行"，再单击鼠标右键选择"策略工具箱"，如图3-3-10所示。

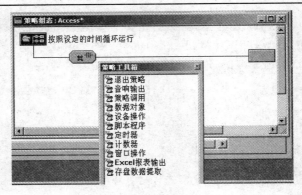

图 3-3-10　选择策略工具箱

(4) 选中"存盘数据提取",将其拖至策略行右边的矩形框中并单击,出现如图 3-3-11 所示的组态。

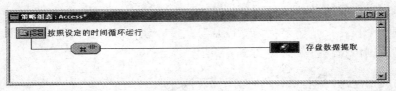

图 3-3-11　添加策略

(5) 双击"存盘数据提取"矩形框,设置存盘数据提取构件属性,在"数据来源"标签中选择 MCGS 组对象 hh 对应的存盘数据表。

(6) 在"数据选择"标签页中将左边可处理的数据列根据需要添加到右边。

(7) 在"数据输出"标签页中选择 Access 数据库文件,输入数据库名"E:\hh.MDB"和数据表名"hh"。

(8) 在"时间条件"标签页中将时间列名选择为"MCGS_Time",并选择"所有存盘数据"。

(9) 在"数值条件"标签页中根据需要编制提取数据的数值条件。

(10) 在"提取方式"标签页中根据需要编制输出数据表列及提取方法,如图 3-3-12 所示。

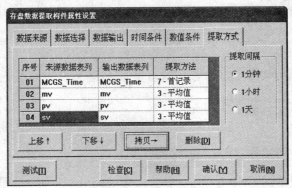

图 3-3-12　数据表列及提取方法

(11) MCGS 运行后,在"E:\实训\生产 03\hh.MDB"文件中可看到如图 3-3-13 所示的自动运行结果。

1)	hh						
2)	MCGS_Time	3)	pv	4)	mv	5)	sv
6)	2006-7-24 9:54:00	7)	30	8)	33.04348	9)	34.78261
10)	2006-7-24 9:55:00	11)	30	12)	40	13)	50
14)	2006-7-24 9:56:00	15)	30	16)	40	17)	50
18)	2006-7-24 9:57:00	19)	30	20)	40	21)	50
22)	2006-7-24 9:58:00	23)	30	24)	40	25)	50
26)	2006-7-24 9:59:00	27)	30	28)	40	29)	50
30)	2006-7-24 10:00:00	31)	36.77966	32)	64.40678	33)	61.18644
34)	2006-7-24 10:01:00	35)	40	36)	80	37)	70

图 3-3-13　Access 报表自动运行结果

Excel 报表组态

5. Excel 报表组态

(1) 打开工作台中的"运行策略"标签页，单击"新建策略"按钮，选择"循环策略"。

(2) 单击"策略1"，再单击"策略属性"，设置策略名称为"Excel 报表"。

(3) 双击"Excel 报表策略"，弹出策略组态窗口，单击鼠标右键选择"新增策略行"，单击鼠标右键选择策略工具箱中的"Excel 报表输出"，将其拖至策略行右边的矩形框中。

(4) 双击"Excel 报表输出"，设置 Excel 报表构件属性，在"数据来源"标签页中选择 MCGS 组对象 hh 对应的存盘数据表。

(5) 在"数据选择"标签页中将左边可处理的数据列根据需要添加到右边。

(6) 在"操作方法"标签页中将操作内容对应的 Excel 表格名设置为"E:\EXCEL.xls"，在操作方法标签页中选择"输出到 Excel 表格"，将对应的 Excel 表格名设置为"E:\EXCEL.xls(EXCEL.xls 文件需提前创建)"。

(7) 在"数据输出"标签页中根据需要编制输出数据显示格式及提取方法，如图 3-3-14 所示。

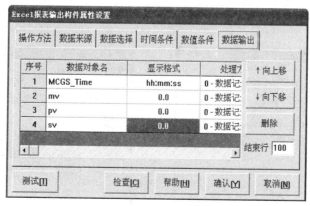

图 3-3-14　Excel 报表数据输出设置

(8) MCGS 运行后在"E:\ EXCEL.xls"文件中可看到如图 3-3-15 所示的自动运行结果。

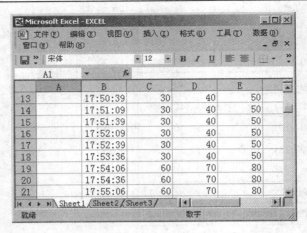

图 3-3-15   Excel 报表自动运行结果

6. 用户权限的设置

(1) 选择"工具"→"用户权限管理"菜单项，打开"用户管理器"，如图 3-3-16 所示。

(2) 单击"新增用户"按钮，设置用户属性，如图 3-3-17、图 3-3-18 所示。

(3) 工程的用户管理如图 3-3-19 所示。

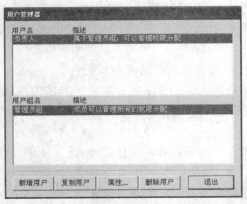

图 3-3-16   用户管理器

图 3-3-17   用户属性设置(1)

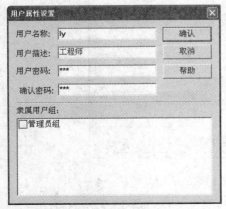

图 3-3-18   用户属性设置(2)

图 3-3-19   工程的用户管理

五、实操考核

项目考核采用步进式考核方式，考核内容见表 3-3-2。

表 3-3-2　项目考核表

学　号		1	2	3	4	5	6	7	8	9	10	11
姓　名												
考核内容进程分值	报警组态(20 分)											
	实时报表组态(10 分)											
	存盘数据浏览组态(20 分)											
	Access 报表组态(20 分)											
	Excel 报表组态(20 分)											
	用户权限设置(10 分)											
扣分	安全文明											
	纪律卫生											
总　评												

六、注意事项

(1) 报警组态时，要注意报警类型及数值的设置须符合工艺要求。

(2) 实时报表组态时，要注意选择工艺参数比较重要的变量。

(3) 在进行存盘数据浏览、Access 报表和 Excel 报表组态时，选择的组对象要有存盘数据存储功能。

项目四　液位闭环控制系统

在讨论了开环控制系统的 MCGS 组态方法、控制系统中重要参数的报警、报表组态方法的基础上，本项目主要讨论闭环控制系统的组态方法及调试方法。

一、学习目标

1. 知识目标

(1) 掌握闭环控制系统数据库的组态。

(2) 掌握闭环控制系统设备的组态。

(3) 掌握闭环控制系统用户窗口的组态。

(4) 掌握闭环控制系统循环脚本的组态。

2. 能力目标

(1) 初步具备对闭环控制系统数据库的组态能力。

(2) 初步具备对闭环控制系统设备的组态能力。

(3) 初步具备对闭环控制系统用户窗口组态的能力。

(4) 初步具备对闭环控制系统循环脚本组态的能力。

(5) 初步具备对闭环控制系统统调的能力。

二、要求学生必备的知识与技能

1. 必备知识

(1) 检测仪表及调节仪表的基本知识。

(2) 控制系统的组成及工作原理。

(3) 计算机控制系统的基本知识。

(4) 开环控制系统的组态知识。

(5) PID 控制原理。

(6) 计算机直接数字控制系统的基本知识。

2. 必备技能

(1) 开环控制系统硬件的组建技能。

(2) 开环控制系统的组态技能。

(3) 开环控制系统组态的调试能力。

(4) 开环控制系统的联调能力。

(5) 报警组态的技能。

(6) 报表组态的技能。

三、理实一体化教学任务

理实一体化教学任务见表 3-4-1。

表 3-4-1　理实一体化教学任务

任务一	闭环控制系统数据库的组态
任务二	闭环控制系统设备的组态
任务三	闭环控制系统用户窗口的组态
任务四	闭环控制系统循环脚本程序
任务五	其他组态
任务六	闭环控制系统的联调

四、理实一体化教学步骤

1. 闭环控制系统数据库的组态

闭环控制系统的数据库规划见表 3-4-2。

液位闭环控制系统工程

表 3-4-2　数据库规划

变量名	类型	注　释	变量名	类型	注　释
sv	数值型	给定值 0～200 mm	mv2	数值型	7024 的 1 通道输出
pv	数值型	测量值 0～200 mm	qh	开关型	qh=1 为手动
pv1	数值型	7017 的 1 通道	hh	组对象	
mv	数值型	手动输出值	k	数值型	比例系数
op	数值型	自动输出值	ti	数值型	积分时间
mv1	数值型	百分制总输出值	td	数值型	微分时间

2. 闭环控制系统设备的组态

在开环控制系统的基础上添加 PID 控制软设备。PID 软设备控制参数的设置如图 3-4-1 所示。

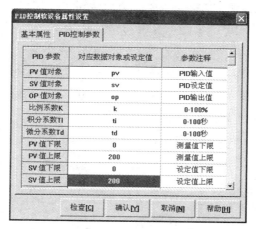

图 3-4-1　PID 软设备控制参数的设置

3. 闭环控制系统用户窗口的组态

在用户窗口添加一个闭环控制的窗口，绘制如图 3-4-2 所示的单容液位定值控制系统图。

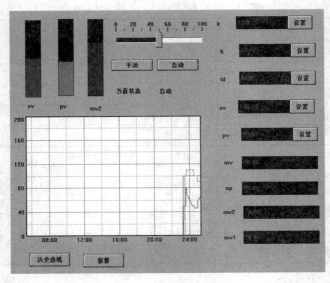

图 3-4-2　单容液位定值控制系统图

(1) 条形显示：红色显示设定值 sv，绿色显示测量值 pv，紫色显示总输出值 mv2；相应的实时曲线、历史曲线也用红色显示设定值 sv，绿色显示测量值 pv，紫色显示总输出值 mv2。相应的报表、报警也显示设定值、测量值、总输出值 mv2。

(2) 数字显示及设置按钮分别连接 k、ti、td、sv、pv、mv、op、mv2、mv1。

(3) 手动切换按钮的名称为"手动"，其"操作属性"设置如图 3-4-3 所示，其他设置选择默认值。

(4) 自动切换按钮的名称为"自动"，其"操作属性"设置如图 3-4-4 所示，其他设置选择默认值。

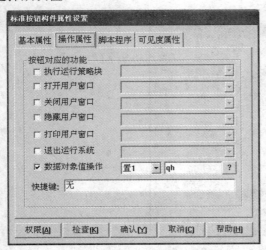

图 3-4-3　手动操作属性设置

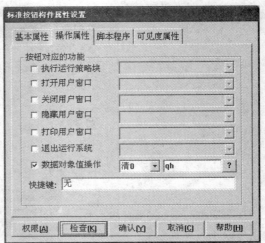

图 3-4-4　自动操作属性设置

(5) 当前状态显示手动或自动。当按下手动按钮时，显示手动；当按下自动按钮时，显示自动。

(6) 绘制一个名为"手动"的文本，在属性设置中选中可见度，可见度设置如图 3-4-5 所示。

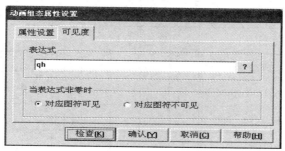

图 3-4-5　手动文本可见度设置

(7) 绘制一个名为"自动"的文本，在属性设置中选中"可见度"，可见度设置"表达式"为"qh"，选择"对应图符不可见"。

4. 闭环控制系统循环脚本程序

循环脚本程序如下：

```
pv=(pv1/1000-1)*50
if qh=1 then
    mv2=mv
else
    mv2=op
endif
mv1=mv2/6.25+4
```

5. 其他组态

实时曲线、历史曲线、报警、报表的组态，需将原先开环控制系统中的手动输出值改为闭环控制系统的输出值。

6. 闭环控制系统的联调

(1) 启动对象单元，启动 MCGS 运行环境，进入单容液位定值控制系统主界面。

(2) 将控制系统设置为手动运行状态，改变滑动输入器的输出信号，观察现场电动调节阀的开度是否随滑动输入器信号的变化而变化。

(3) 将控制系统设置为手动运行状态，使 k=1, ti=20, pv=sv=100，按下自动切换按钮，观察现场电动调节阀的开度是否随自动输出信号的变化而变化。

(4) 改变 k、ti、td 值的大小，观察输出曲线的变化。

(5) 观察计算机是否正确显示测量值的大小。

(6) 在时间允许的情况下，修订控制系统的 PID 参数。

五、实操考核

项目考核采用步进式考核方式，考核内容如表 3-4-3 所示。

表 3-4-3　项目考核表

	学　号	1	2	3	4	5	6	7	8	9	10	11
	姓　名											
考核内容进程分值	数据库的组态(5 分)											
	设备的组态(5 分)											
	各类显示组态(20 分)											
	手动/自动切换(20 分)											
	曲线组态(5 分)											
	报警组态(5 分)											
	报表组态(5 分)											
	循环脚本(5 分)											
	组态调试(10 分)											
	系统联调(20 分)											
扣分	安全文明											
	纪律卫生											
	总　评											

六、注意事项

(1) 在进行手动/自动切换组态时，若切向手动，则系统应该输出手动输出信号；若切向自动，则系统应该输出 PID 软设备的自动输出信号。

(2) 系统的曲线、报警、报表应全部选择显示闭环控制系统的总输出。

(3) 验证组态时，需要显示 PID 控制的阶跃响应曲线。

项目五　单容液位定值控制系统

（ADAM4000 系列智能模块）

本项目主要讨论单容液位定值控制系统的组成、工作原理、MCGS 组态方法及统调等内容，使学生具备组建简单计算机直接数字控制系统的能力。

一、学习目标

1. 知识目标

(1) 掌握单容液位定值控制系统的控制要求。

(2) 掌握单容液位定值控制系统的硬件接线。

(3) 掌握单容液位定值控制系统的通信方式。

(4) 掌握单容液位定值控制系统的控制原理。

(5) 掌握单容液位定值控制系统的 PID 控制的设计方法。

(6) 掌握单容液位定值控制系统的脚本程序的设计方法。

(7) 掌握单容液位定值控制系统的组态设计方法。

2. 能力目标

(1) 初步具备简单工程的分析能力。

(2) 初步具备简单控制系统的构建能力。

(3) 增强独立分析、综合开发研究、解决具体问题的能力。

(4) 初步具备 PID 闭环控制系统的设计能力。

(5) 初步具备单容液位定值控制系统的分析能力。

(6) 初步具备单容液位定值控制系统的组态能力。

(7) 初步具备单容液位定值控制系统的统调能力。

二、要求学生必备的知识与技能

1. 必备知识

(1) 检测仪表及调节仪表的基本知识。

(2) 简单控制系统的组成知识。

(3) 计算机控制的基本知识。

(4) ADAM4017 模拟量输入模块的基本知识。

(5) ADAM4024 模拟量输出模块的基本知识。

(6) 计算机输入通道的基本知识。

(7) 计算机输出通道的基本知识。

(8) PID 控制原理。

(9) 计算机直接数字控制系统的基本知识。

(10) 闭环控制系统的基本知识。

(11) 组态技术的基本知识。

2. 必备技能

(1) 熟练的计算机操作技能。

(2) 变送器的调校技能。

(3) 控制器的调校技能。

(4) ADAM4017 模拟量输入模块的接线能力。

(5) ADAM4024 模拟量输出模块的接线能力。

(6) 计算机直接数字控制系统的组建能力。

三、相关知识

1. ADAM4000 系列智能模块的功能

ADAM4000 系列智能模块由 24 V 直流电驱动，通过 RS-485 通信协议与现场设备交换数据，并将数据传送到上位机。

2. ADAM4017 模拟量输入模块简介

ADAM4017 是一个 16 位、8 通道模拟量输入模块，通过光隔离输入方式实现对输入信号与模块之间的隔离，具有过压保护功能。其结构如图 3-5-1 所示。

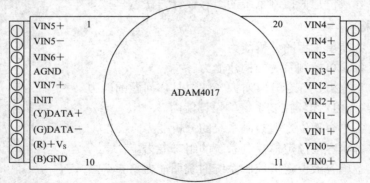

图 3-5-1　ADAM4017 模拟量输入模块的结构

ADAM4017 提供信号输入、A/D 转换、RS-485 数据通信功能。其输入信号有：电压输入(±150 mV、±500 mV、±1 V、±5 V、±10 V)和电流输入(±20 mA，需要并接一个 250 Ω 的电阻)。

ADAM4017 应用连线如图 3-5-2、图 3-5-3 所示。

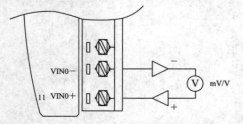

图 3-5-2　ADAM4017 差分输入通道 0～5

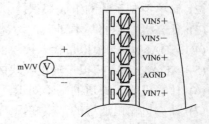

图 3-5-3　ADAM4017 单端输入通道 6～7

3. ADAM4024 模拟量输出模块简介

ADAM4024 是一个 4 通道模拟量输出模块，它包括了 4 路模拟量输出通道和 4 路数字量输出通道，如图 3-5-4 所示。

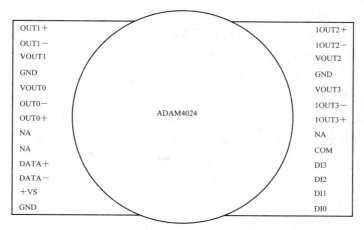

图 3-5-4　ADAM4024 模拟量输出模块

ADAM4024 的输出类型有：模拟信号为 0～20 mA、4～20 mA，0～±10 V，隔离电压为 3000 V DC，负载为 0～500 Ω(有源)；数字信号为逻辑"0"(+1 V max)、逻辑"1"(+10～30 V DC)。

4. ADAM4000 Utility 软件的使用说明

ADAM4000 Utility 软件主要为台湾研华 ADAM4000 系列模块提供以下功能：

(1) 检测与主机相连的 ADAM4000 模块。

(2) 设置 ADAM4000 的配置。

(3) 对 ADAM4000 各个模块执行数据输入或数据输出。

(4) 保存检测到的 ADAM 系列模块的信息。

四、理实一体化教学任务

理实一体化教学任务见表 3-5-1。

表 3-5-1　理实一体化教学任务

任务一	单容液位定值控制系统工艺流程图
任务二	单容液位定值控制系统控制要求
任务三	单容液位定值控制系统实训设备基本配置及接线
任务四	单容液位定值控制系统的组成及控制原理
任务五	单容液位定值控制系统数据库的组态
任务六	单容液位定值控制系统设备的组态
任务七	单容液位定值控制系统用户窗口的组态
任务八	单容液位定值控制系统循环脚本程序
任务九	单容液位定值控制系统的统调

五、理实一体化教学步骤

1. 单容液位定值控制系统工艺流程图

单容液位定值控制系统工艺流程图如图 3-2-17 所示。

图 3-2-17 的单容液位定值控制系统是一个简单的控制系统，上水箱是被控对象，液位是被控变量，在没有干扰的情况下，液位稳定的条件是进水流量等于出水流量。在出水阀开度一定的情况下，要使水箱里的液位稳定，必须要改变进水电动调节阀的开度。

2. 单容液位定值控制系统控制要求

用 ADAM4017 智能模块、ADAM4024 智能模块、PID 控制软元件实现对单容液位的定值控制，并用 MCGS 软件实现对各种参数的显示、存储与控制功能。

3. 单容液位定值控制系统实训设备基本配置及接线

(1) 实训设备基本配置：

液位对象(有液位变送器和电动调节阀)	一套
ADAM4017 模拟量输入模块	一块
ADAM4024 模拟量输出模块	一块
RS-485/RS-232 转换接头及传输线	一根
MCGS 运行狗	一只
计算机	一台/人

(2) 单容液位定值控制系统接线。

单容液位定值控制系统接线图如图 3-5-5 所示。如果没有液位对象，可用信号发生器和电流表代替液位变送器和电动调节阀。

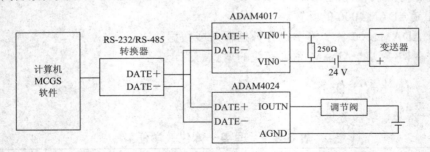

图 3-5-5　单容液位定值控制系统接线图

4. 单容液位定值控制系统的组成及控制原理

1) 控制系统的组成

单容液位定值控制系统采用计算机直接数字控制，其组成如图 3-5-6 所示。

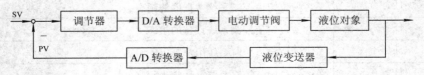

图 3-5-6　计算机直接数字控制系统的组成

控制系统由液位对象、液位变送器、A/D 转换器、调节器、D/A 转换器、电动调节阀等组成，计算机完成控制器的作用。

2）控制原理

液位信号经液位变送器的转换，将其按量程范围转换为 4～20 mA 的电流信号，经 250 Ω 的标准电阻转换为 1～5 V 的电压信号；然后送到模数转换模块 ADAM4017 的 0 通道，将 1～5 V 的电压信号转换为数字信号，经信号转换器 RS-485 到 RS-232 的转换，转换为计算机能够接收的信号送到计算机；计算机按人们预先规定的控制程序，对被测量进行分析、判断、处理，按预定的控制算法(如 PID 控制)进行运算，从而送出一个控制信号，经信号转换器 RS-232 到 RS-485 的转换，然后送到数模转换模块 ADAM4024 的 0 通道，转换为 4～20 mA 的电流信号送到调节阀，从而控制水箱的进水流量。

5. 单容液位定值控制系统的组态

1）新建工程

选择"文件"→"新建工程"菜单项，新建"ADAM4000 单容液位定值控制系统.MCG"工程文件。

2）数据库组态

ADAM4000 单容液位定值控制系统的数据库规划如表 3-5-2 所示。

表 3-5-2　ADAM4000 单容液位定值控制系统的数据库规划

变量名	类型	注　释	变量名	类型	注　释
sv	数值型	设定值 0～200 mm	mv2	数值型	4024 的 1 通道输出
pv	数值型	测量值 0～200 mm	qh	开关型	qh=1 为手动
pv1	数值型	4017 的 1 通道	lhp	组对象	
mv	数值型	手动输出值	k	数值型	比例系数
op	数值型	自动输出值	ti	数值型	积分时间
mv1	数值型	百分制总输出值	td	数值型	微分时间

3）设备组态

(1) 打开工作台中的"设备窗口"标签，双击设备窗口，在空白处单击鼠标右键，打开"设备工具箱"，添加如图 3-5-7 所示的设备。

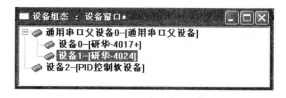

图 3-5-7　ADAM4000 单容液位定值控制系统设备窗口组态

(2) ADAM4017 属性设置如图 3-5-8 所示。

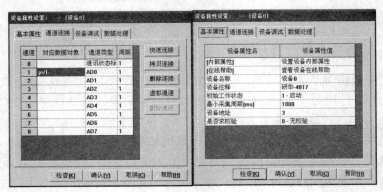

图 3-5-8　ADAM4017 属性设置

(3) ADAM4024 属性设置如图 3-5-9 所示。

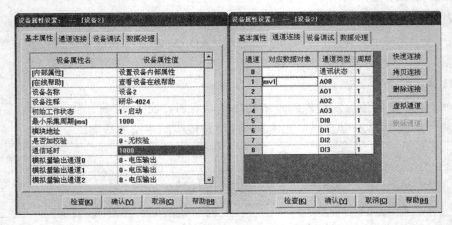

图 3-5-9　ADAM4024 属性设置

至此,设备组态完毕。

(4) PID 控制软设备的属性设置如图 3-5-10 所示。

PID 参数	对应数据对象或设定值	参数注释
PV 值对象	pv	PID输入值
SV 值对象	sv	PID设定值
OP 值对象	op	PID输出值
比例系数K	k	0-100%
积分系数Ti	ti	0-100秒
微分系数Td	td	0-100秒
PV 值下限	0	测量值下限
PV 值上限	200	测量值上限
SV 值下限	0	设定值下限
SV 值上限	200	设定值上限

图 3-5-10　PID 控制软设备的属性设置

4) 用户窗口组态

(1) 打开"用户窗口"标签页,创建单容液位定值控制系统窗口。

(2) 双击单容液位定值控制系统窗口,打开动画组态界面,绘制如图 3-5-11 所示的图形(可参考本模块中的项目二)。

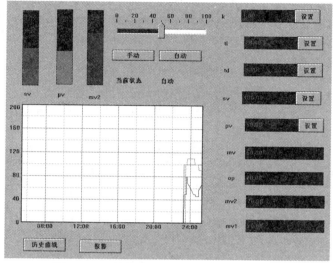

图 3-5-11 单容液位定值控制系统控制界面

① 条形显示:红色显示设定值 sv,绿色显示测量值 pv,紫色显示总输出值 mv2;相应的实时曲线、历史曲线也用红色显示设定值 sv,绿色显示测量值 pv,紫色显示总输出值 mv2。相应的报表、报警也显示设定值、测量值、总输出值 mv2。

② 数字显示及设置按钮分别连接 k、ti、td、sv、pv、mv、op、mv2、mv1。

③ 手动切换按钮的名称为"手动",自动切换按钮的名称为"自动"。

(3) 报警动画组态可参考本模块中的项目三,最后的效果如图 3-5-12 所示。

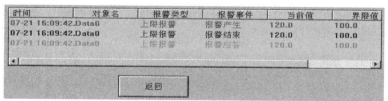

图 3-5-12 报警动画组态效果图

(4) 实时报表组态可参考本模块中的项目三,最后的效果如图 3-5-13 所示。

图 3-5-13 报表组态效果图

(5) 存盘数据浏览可参考本模块中的项目三，运行效果如图 3-5-14 所示。

图 3-5-14　存盘数据浏览运行效果图

(6) Access 报表组态可参考本模块中的项目三，MCGS 运行后打开相应的文件，可看到如图 3-5-15 所示的自动运行结果。

38)	hh						
39)	MCGS_Time	40)	pv	41)	mv	42)	sv
43)	2006-7-24 9:54:00	44)	30	45)	33.04348	46)	34.78261
47)	2006-7-24 9:55:00	48)	30	49)	40	50)	50
51)	2006-7-24 9:56:00	52)	30	53)	40	54)	50
55)	2006-7-24 9:57:00	56)	30	57)	40	58)	50
59)	2006-7-24 9:58:00	60)	30	61)	40	62)	50
63)	2006-7-24 9:59:00	64)	30	65)	40	66)	50
67)	2006-7-24 10:00:00	68)	36.77966	69)	64.40678	70)	61.18644
71)	2006-7-24 10:01:00	72)	40	73)	80	74)	70

图 3-5-15　Access 报表自动运行结果

(7) Excel 报表组态可参考本模块中的项目三，MCGS 运行后打开相应的文件，可看到如图 3-5-16 所示的自动运行结果。

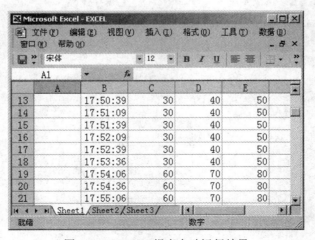

图 3-5-16　Excel 报表自动运行结果

5) 循环脚本程序

循环脚本程序如下：

```
pv=(pv1/1000-1)*50
if qh=1 then
    mv2=mv
else
    mv2=op
endif
mv1=mv2/6.25+4
```

六、实操考核

项目考核采用步进式考核方式，考核内容如表3-5-3所示。

表3-5-3　项目考核表

	学　　　号	1	2	3	4	5	6	7	8	9	10	11	12	13
	姓　　　名													
考核内容进程分值	硬件接线(5分)													
	控制原理(10分)													
	数据库组态(20分)													
	设备组态(10分)													
	用户窗口组态(20分)													
	循环脚本(10分)													
	系统统调(25分)													
扣分	安全文明													
	纪律卫生													
	总　　　评													

七、注意事项

(1) 两个智能模块的接线要正确。

(2) 数据库组态时一定要注意变量的数据类型是否正确。

(3) 设备组态时要注意通道的连接是否正确。

(4) 历史曲线组态时要注意组对象、单个对象的存盘属性设置要正确。

(5) 各项组态必须在仿真机房调试通过。

八、系统调试

(1) 单容液位定值控制系统MCGS仿真界面调试。

① 开环调试：将手动/自动切换按钮置于手动方式，观察控制系统测量值和输出值是否正常显示。如果显示不正常，须检查系统接线及设备组态，直到显示正常为止。

② 闭环调试：将手动/自动切换按钮置于自动方式，观察控制系统的控制效果是否达

到控制要求，如果没有达到控制要求，则须反复调试，直到达到控制要求为止。

(2) 调试中的常见问题及解决方法：

① 常见问题：数据不显示。

解决方法：在设备组态中解决通道连接问题。

② 常见问题：历史曲线不显示。

解决方法：检查组对象添加是否正常，组对象的存盘属性是否已设置，单个对象的存盘属性是否已设置。

③ 常见问题：Access 数据库不产生。

解决方法：检查属性设置中的存盘路径。

④ 常见问题：Excel 文件无数据。

解决方法：检查属性设置中的存盘路径。

模块三思考题

1. 计算机通过什么方式接受现场的模拟信号？
2. 计算机通过什么方式操纵现场的调节阀？
3. 计算机如何显示现场液位的高低？
4. 如何绘制历史曲线？
5. 如何实现画面切换？分别用切换按钮和菜单说明。
6. 实时报表是否可以显示前一小时的数据？
7. Access 报表组态时需要事先建立 Access 数据库文件吗？
8. Excel 报表组态时需要事先建立 Excel 文件吗？
9. 如何在 Access 报表和 Excel 报表中导出一些特定要求的数据？
10. 什么是比例调节规律？比例调节规律有什么特点？
11. 什么是积分调节规律？积分调节规律有什么特点？
12. 什么是微分调节规律？微分调节规律有什么特点？
13. 常规的控制规律有哪些？

思考题参考答案

模块四

MCGS 模拟量组态工程

本模块主要介绍多种模拟量 MCGS 监控系统的构建方法，分别对电机转速控制系统、温度控制系统、风机变频控制系统、液位串级控制系统、西门子 S7-300 PLC 液位控制系统的组成、工作原理、MCGS 组态方法及统调等进行详细的介绍。

另外，本模块笔者提供了相关工程的 PLC 程序和 MCGS 工程，有需要的读者可以进入出版社网站，在本书"图书详情"页面的"相关资源"处免费下载。

项目一　　电机转速控制系统

本项目主要讨论光电耦合器、电机转速控制系统的组成、工作原理、PLC 程序设计与调试、MCGS 组态方法及统调等内容，使学生具备组建简单计算机监督控制系统的能力。

一、学习目标

1. 知识目标

(1) 掌握光电耦合器的使用方法。

(2) 掌握电机转速控制系统的控制要求。

(3) 掌握电机转速控制系统的硬件接线。

(4) 掌握电机转速控制系统的通信方式。

(5) 掌握电机转速控制系统的控制原理。

(6) 掌握电机转速控制系统的程序设计方法。

(7) 掌握电机转速控制系统的组态设计方法。

2. 能力目标

(1) 初步具备电机转速控制系统的分析能力。

(2) 初步具备光电耦合器的测速技能。

(3) 初步具备 PLC 电机转速控制系统的设计能力。

(4) 初步具备电机转速控制系统 PLC 程序的设计能力。

(5) 初步具备电机转速控制系统的组态能力。

(6) 初步具备电机转速控制系统 PLC 程序与组态的统调能力。

二、要求学生必备的知识与技能

1. 必备知识

(1) EM235 模块的使用方法。

(2) PLC 应用技术基本知识。

(3) PID 控制基本知识。

(4) 闭环控制系统基本知识。

(5) 组态技术基本知识。

2. 必备技能

(1) 熟练的 PLC 接线操作技能。

(2) 熟练的 PLC 编程调试技能。

(3) 熟练的 PID 控制系统调试技能。

(4) 计算机监督控制系统的组建能力。

三、相关知识

1. EM235 模块

S7-200 SMART PLC 的 CPU 本身不能处理模拟信号，处理模拟信号时需要外加模拟量扩展模块。模拟量扩展模块 EM235 提供了模拟量输入/输出的功能，采用 12 位的 A/D 转换器、多种输入/输出范围，不用加放大器即可直接与执行器和传感器相连。EM235 模块能直接和 PT100 热电阻相连，供电电源为 24 V DC。EM235 有 4 路模拟量输入、1 路模拟量输出。输入和输出都可以为 0～10 V 电压或 0～20 mA 电流。图 4-1-1 为 EM235 的输入/输出接线图。

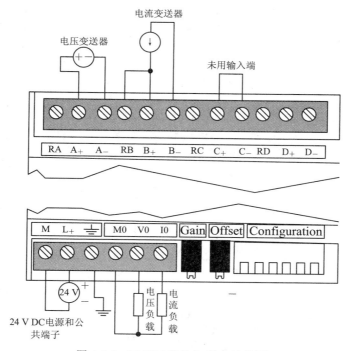

图 4-1-1　EM235 的输入/输出接线图

用 DIP 开关可以设置 EM235 模块，如图 4-1-2 所示，开关 1～6 用于选择模拟量输入范围和分辨率，所有的输入均设置成相同的模拟量输入范围和格式。开关 1、2、3 是衰减设置，开关 4、5 是增益设置，开关 6 为单/双极性设置。

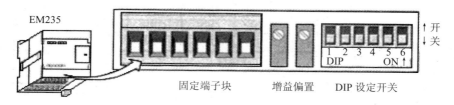

图 4-1-2　EM235 DIP 开关设置

EM235 选择单/双极性、增益和衰减的开关设置，EM235 选择模拟量输入范围和分辨率的开关设置，分别如表 4-1-1、表 4-1-2 所示。

表 4-1-1　EM235 选择单/双极性、增益和衰减的开关表

EM235 开关						单/双极性选择	增益选择	衰减选择
SW1	SW2	SW3	SW4	SW5	SW6			
					ON	单极性		
					OFF	双极性		
			OFF	OFF		任务一	X1	
			OFF	ON			X10	
			ON	OFF			X100	
			ON	ON			无效	
ON	OFF	OFF						0.8
OFF	ON	OFF						0.4
OFF	OFF	ON						0.2

表 4-1-2　EM235 选择模拟量输入范围和分辨率的开关表

单 极 性						满量程输入	分辨率
SW1	SW2	SW3	SW4	SW5	SW6		
ON	OFF	OFF	ON	OFF	ON	0～50 mV	12.5 μV
OFF	ON	OFF	ON	OFF	ON	0～100 mV	25 μV
ON	OFF	OFF	OFF	ON	ON	0～500 mV	125 μV
OFF	ON	OFF	OFF	ON	ON	0～1 V	250 μV
ON	OFF	OFF	OFF	OFF	ON	0～5 V	1.25 mV
ON	OFF	OFF	OFF	OFF	ON	0～20 mA	5 μA
OFF	ON	OFF	OFF	OFF	ON	0～10 V	2.5 mV
双 极 性						满量程输入	分辨率
SW1	SW2	SW3	SW4	SW5	SW6		
ON	OFF	OFF	ON	OFF	OFF	±25 mV	12.5 μV
OFF	ON	OFF	ON	OFF	OFF	±50 mV	25 μV
OFF	OFF	ON	ON	OFF	OFF	±100 mV	50 μV
ON	OFF	OFF	OFF	ON	OFF	±250 mV	125 μV
OFF	ON	OFF	OFF	ON	OFF	±500 mV	250 μV
OFF	OFF	ON	OFF	ON	OFF	±1 V	500 μV
ON	OFF	OFF	OFF	OFF	OFF	±2.5 V	1.25 mV
OFF	ON	OFF	OFF	OFF	OFF	±5 V	2.5 mV
OFF	OFF	ON	OFF	OFF	OFF	±10 V	5 mV

本系统中 DIP 开关设置为表 4-1-3 所示。

表 4-1-3 本系统的 DIP 开关设置

ON	OFF	OFF	OFF	OFF	ON	0~20 mA	5 μA

在单极性时，对应的数据字是 0~32000，双极性时对应的数据字是 –32000~32000，在本系统中用的是 4~20 mA 电流，是单极性字，所以对应的 4 mA 电流数据字是 0，20 mA 电流数据字是 32000。

2. 电机转速控制模块介绍

电机转速控制模块硬件组成如图 4-1-3 所示。

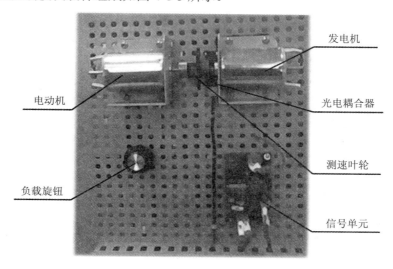

图 4-1-3 电机转速控制模块硬件组成

电机转速控制模块作为一个小型对象，系统由两个直流电机及直流调速电路等组成。两个电机组成电动机—发电机模式，采用了电机联轴器；调速器采用 2~10 V 的电压控制，从而改变电机的转速；编码盘为 6 脉冲/转，配置光电耦合器测速。

四、理实一体化教学任务

理实一体化教学任务见表 4-1-4。

表 4-1-4 理实一体化教学任务

任务一	电机转速控制系统的控制要求
任务二	电机转速控制系统的基本配置及接线图
任务三	电机转速控制系统的 I/O 分配
任务四	电机转速控制系统的控制原理
任务五	电机转速控制系统的 PLC 程序设计
任务六	电机转速控制系统的组态

五、理实一体化教学步骤

1. 电机转速控制系统的控制要求

(1) 用光电耦合器、电机、PLC、EM235 模拟量处理模块、调速器等构成电机转速闭环控制系统。

(2) 用 MCGS 软件来监控电机转速闭环控制系统。

(3) 实现对电机转速闭环控制系统的定值调节。

2. 电机转速控制系统的基本配置及接线图

(1) 实训设备基本配置：

光电耦合器	一套
电机	两台
EM235 模拟量处理模块	一块
调速器	一个
RS-232 转换接头及传输线	一根
MCGS 运行狗	一个
计算机	一台/人
西门子 S7-200 SMART PLC	一台

(2) 系统接线。电机转速控制系统接线图如图 4-1-4 所示。

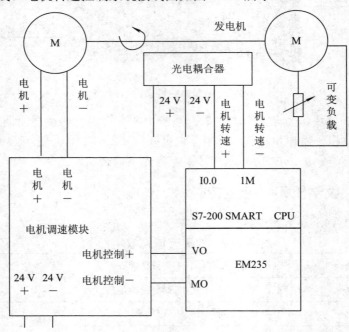

图 4-1-4　电机转速控制系统接线图

3. 电机转速控制系统的 I/O 分配

电机转速控制系统的 I/O 分配见表 4-1-5。

表 4-1-5　　　电机转速控制系统的 I/O 分配

PLC 中 I/O 口分配		注　释	MCGS 实时数据对应的变量
元　件	地　址		
光电耦合器	I0.0	脉冲输入	
PID_PV	VD100	测量值	PID_PV
PID_SP	VD104	设定值	PID_SP
PID_MV	VD108	自动输出值	PID_MV
PID_P	VD112	比例系数	PID_P
PID_TS	VD116	采样时间，以秒为单位，必须为正数	PID_TS
PID_I	VD120	积分时间	PID_I
PID_D	VD124	微分时间	PID_D
PID_AM	VD184	手动/自动切换	PID_AM
PID_MAN	VD188	手动输出值	PID_MAN
PID_OUT	VD192	总输出	PID_OUT

4. 电机转速控制系统的控制原理

如图 4-1-5 所示，光电耦合器将电机的转速转换成脉冲信号经 I0.0 送给高速计数器，在 PLC 程序中设计 100 ms 的中断程序读取高速传感器的当前值，并经过标度变换将其转换成 0～1 之间的实数送到 PID 模块，与设定值进行比较后对偏差进行 PID 运算，将运算结果转换成 PLC 的标准数字输出信号，经模拟量处理模块转换成 4～20 mA 的输出信号送到调速器，从而使电机的转速稳定在设定值上。利用 MCGS 组态平台来实时地监控 PLC 中相关数据的变化，使电机转速控制系统的工艺生产状态在监控界面上真实地再现出来，以便操作人员监控工艺生产的各个参数。

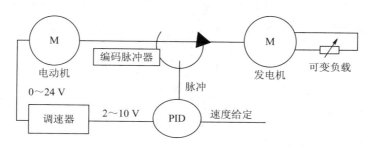

图 4-1-5　电机转速控制系统的组成

5. 电机转速控制系统的 PLC 程序设计

1) 符号表

符号表见表 4-1-6。

表 4-1-6 符 号 表

符 号	地址	注 释
Always-on	SM0.0	PLC 运行时始终为 ON
First-scan-on	SM0.1	仅第一个扫描周期中接通为 ON
INT_0	INT0	中断程序注释
PID_PV	VD100	测量值
PID_SP	VD104	设定值
PID_MV	VD108	自动输出值
PID_P	VD112	比例系数
PID_TS	VD116	采样时间，以秒为单位，必须为正数
PID_I	VD120	积分时间
PID_D	VD124	微分时间
PID_AM	VD184	手动/自动切换
PID_MAN	VD188	手动输出值
PID_OUT	VD192	总输出
Time_0_Intrvl	SMB34	定时中断 0 的时间间隔(从 1 至 255，以 1 ms 为增量)
HSC0_ctrl	SMB37	HSC0 设备与控制
HSC0_PV	SMD42	HSC0 的新预置值
HSC0_CV	SMD38	HSC0 的新当前值

2) 主程序

(1) 主程序包括两个网络。

① 网络 1：初始化 PID 参数，指定采样周期为 0.1 s，中断时间为 100 ms，如图 4-1-6 所示。

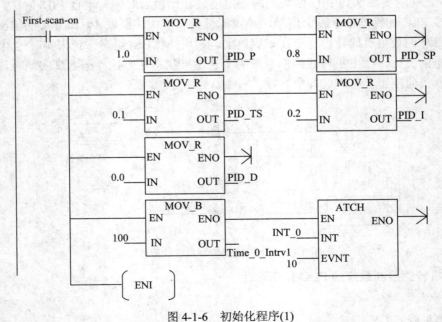

图 4-1-6 初始化程序(1)

② 网络 2：定义高速计数器为 HSC0，当前值为 0，最大记数值为 1000000，并启动高速计数器 HSC0，如图 4-1-7 所示。

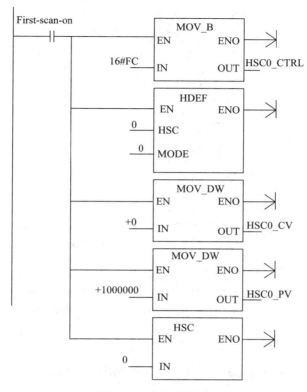

图 4-1-7　初始化程序(2)

(2) 中断服务程序包括：

① 网络 1：电机每转一圈产生 6 个脉冲，将 100 ms 产生的脉冲数除以 0.6，得到每秒的转速，送到 LD0，重新启动计数器计数，如图 4-1-8 所示。

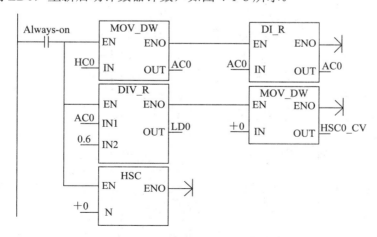

图 4-1-8　数据采集程序

② 网络 2：将转速转换为 0～1 之间的数传送到 PID_PV，如图 4-1-9 所示。

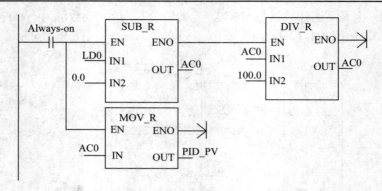

图 4-1-9　输入处理程序

③ 网络 3：实现手动/自动切换，如图 4-1-10 所示。

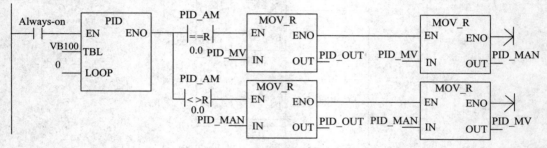

图 4-1-10　手动/自动切换程序

④ 网络 4：将 0～1 之间的输出值转换为标准的输出值传送到 AQW0，如图 4-1-11 所示。

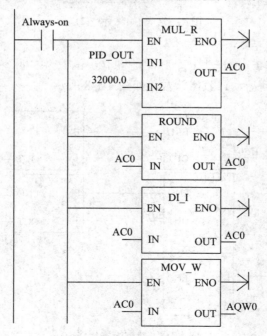

图 4-1-11　输出处理程序

6. 电机转速控制系统的组态

1) 新建工程

选择"文件"→"新建工程"菜单项，新建"电机转速控制系统.MCG"工程文件。

2) 数据库组态

电机转速控制系统数据库规划如图 4-1-12 所示。

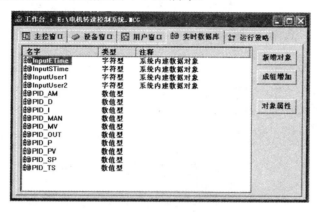

图 4-1-12　电机转速控制系统数据库规划

3) 设备组态

(1) 打开工作台中的"设备窗口"标签，双击设备窗口，在空白处单击鼠标右键，打开"设备工具箱"，添加如图 4-1-13 所示的设备。

图 4-1-13　电机转速控制系统设备窗口组态

(2) 电机转速控制系统 PLC 属性设置如图 4-1-14 所示。

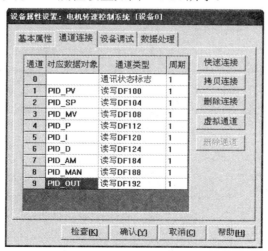

图 4-1-14　电机转速控制系统 PLC 属性设置

4) 用户窗口组态

(1) 打开"用户窗口"标签，创建电机转速控制系统窗口。

(2) 双击电机转速控制系统窗口，打开动画组态界面，绘制如图 4-1-15 所示的图形(参考模块三中的项目二)。

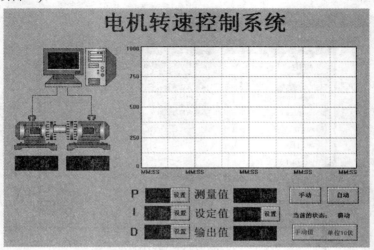

图 4-1-15　电机转速控制系统控制界面

(3) 在组态画面中，分别将相应的图形与变量(PID_PV、PID_SP、PID_MV、PID_P、PID_TS、PID_I、PID_D、PID_AM、PID_MAN、PID_OUT 等)建立联系。

(4) 实时曲线的画笔与 PID_PV、PID_SP、PID_OUT 等变量一一建立连接。

六、实操考核

项目考核采用步进式考核方式，考核内容见表 4-1-7。

表 4-1-7　项目考核表

	学　号	1	2	3	4	5	6	7	8	9	10
	姓　名										
考核内容进程分值	硬件接线(5 分)										
	控制原理(10 分)										
	PLC 程序设计(20 分)										
	PLC 程序调试(10 分)										
	数据库组态(10 分)										
	设备组态(10 分)										
	用户窗口组态(25 分)										
	系统统调(10 分)										
扣分	安全文明										
	纪律卫生										
	总　评										

七、注意事项

(1) 电机转速控制系统采用高速计数器采集电机的转速时，注意计数脉冲的接线端子。

(2) 安装光电耦合器时一定要注意安装位置。

(3) 采集的数据在进行 PID 运算以前要将其转换为 0～1 之间的实数。

(4) PID 运算的输出信号要转换为 PLC 的标准输出值。

(5) 控制信号在送往调压器之前要经过 EM235 模拟量处理模块进行处理。

八、系统调试

(1) 电机转速控制系统 PLC 程序调试。反复调试 PLC 程序，直至达到电机转速控制系统的控制要求为止。

(2) MCGS 仿真界面调试。

① 运行初步调试正确的 PLC 程序。

② 开环调试。将手动/自动切换按钮置于手动方式，观察控制系统测量值和输出值是否正常显示。如果显示不正常，则须检查系统接线及设备组态，直到显示正常为止。

③ 闭环调试。将手动/自动切换按钮置于自动方式，观察控制系统的控制效果是否达到控制要求。如果没有达到控制要求，则应反复调试，直到达到控制要求为止。

(3) 调试中的常见问题及解决方法：

① 常见问题：数据不显示。

解决方法：在设备组态中解决通道连接问题。

② 常见问题：控制系统无法实现闭环控制。

解决方法：检查控制系统的组态及 PLC 控制程序。

项目二　温度控制系统

本项目主要讨论 EM235 模块、温度控制系统的组成、工作原理、PLC 程序的设计与调试、MCGS 组态方法及统调等内容，使学生具备组建简单计算机监督控制系统的能力。

一、学习目标

1. 知识目标

(1) 掌握 EM235 模块的使用方法。

(2) 掌握温度传感器的使用方法。

(3) 掌握温度控制系统的控制要求。

(4) 掌握温度控制系统的硬件接线。

(5) 掌握温度控制系统的通信方式。

(6) 掌握温度控制系统的控制原理。

(7) 掌握温度控制系统 PID 控制的设计方法。

(8) 掌握温度控制系统的程序设计方法。

(9) 掌握温度控制系统的组态设计方法。

2. 能力目标

(1) 初步具备温度控制系统的分析能力。

(2) 初步具备 PLC 温度控制系统的设计能力。

(3) 初步具备温度控制系统 PLC 程序的设计能力。

(4) 初步具备对 PID 闭环控制系统的设计能力。

(5) 初步具备温度控制系统的组态能力。

(6) 初步具备温度控制系统 PLC 程序与组态的统调能力。

二、要求学生必备的知识与技能

1. 必备知识

(1) PLC 应用技术基本知识。

(2) 闭环控制系统基本知识。

(3) 组态技术基本知识。

(4) 温度传感器基本知识。

(5) PID 控制原理。

2. 必备技能

(1) 熟练的 PLC 接线操作技能。

(2) 熟练的温度传感器接线操作技能。

(3) 熟练的 PLC 编程调试技能。

(4) 计算机监督控制系统的组建能力。

三、相关知识

1. EM235 模块

见本模块中的项目一相关内容。

2. 温度控制模块 A8052 介绍

温度控制模块的硬件组成如图 4-2-1 所示。

A8052 模块作为一个小型控制对象，系统由冷却风扇电机、调压器、加热模块、测温单元等组成。测温单元 pt100 检测到的信号经温度变送器转换成 4~20 mA 的电流；经信号单元转换成电压信号送给 A8052 的加热模块，以改变加热器的加热速度；通过改变风扇调节旋钮改变加热器的散热速度。

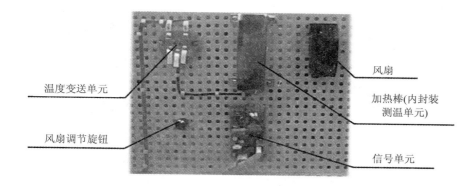

图 4-2-1　温度控制模块的硬件组成

四、理实一体化教学任务

理实一体化教学任务见表 4-2-1。

表 4-2-1　理实一体化教学任务

任务一	温度控制系统的控制要求
任务二	温度控制系统的基本配置及接线图
任务三	温度控制系统的 I/O 分配
任务四	温度控制系统的控制原理
任务五	温度控制系统 PLC 的程序设计
任务五	温度控制系统的组态

五、理实一体化教学步骤

1. 温度控制系统的控制要求

设计一个温度控制系统，具体要求如下：

(1) 用 pt100 热电阻、调压器、风扇、S7-200 SMART PLC、EM235 模拟量处理模块等构成温度闭环控制系统。

(2) 用 MCGS 软件来监控温度控制系统。

(3) 实现对温度控制系统的定值调节。

2. 温度控制系统的基本配置及接线图

(1) 实训设备基本配置：

pt100 热电阻	一个
温度变送器	一个
风扇	一个
EM235 模拟量处理模块	一块
RS-232 转换接头及传输线	一根
MCGS 运行狗	一个
计算机	一台/人
西门子 S7-200 SMART PLC	一台

(2) 温度控制系统接线图如图 4-2-2 所示。

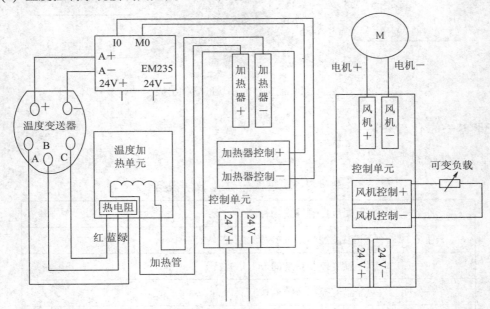

图 4-2-2　温度控制系统接线图

3. 温度控制系统的 I/O 口分配

温度控制系统的 I/O 口分配见表 4-2-2。

表 4-2-2　温度控制系统的 I/O 口分配

PLC 中 I/O 口分配		注　释	MCGS 实时数据对应的变量
元件	地址		
EM235	AIW0	温度信号输入	
PID_PV	VD100	测量值	PID_PV
PID_SP	VD104	设定值	PID_SP
PID_MV	VD108	自动输出值	PID_MV
PID_P	VD112	比例系数	PID_P
PID_TS	VD116	采样时间，以秒为单位，必须为正数	PID_TS
PID_I	VD120	积分时间	PID_I
PID_D	VD124	微分时间	PID_D
PID_AM	VD184	手动/自动切换	PID_AM
PID_MAN	VD188	手动输出值	PID_MAN
PID_OUT	VD192	总输出	PID_OUT

4. 温度控制系统的控制原理

pt100 热电阻将检测到的温度信号经温度变送器的转换，转换成 4～20 mA 的模拟信号送到模拟量处理模块 EM235，EM235 处理后转换成标准的 16 位数字信号存放到 PLC 的寄存器中，在 PLC 程序中设计 100 ms 的中断程序读取温度的当前值，并经过标度变换将其转换成 0～1 之间的实数送到 PID 模块，与设定值进行比较后对偏差进行 PID 运算，将运算结果转换成 PLC 的标准数字输出信号，经模拟量处理模块转换成 4～20 mA 的输出信号送到调压器，从而改变加热管的加热速度，在冷却风扇的作用下，使温度对象的温度稳定在设定值上。利用 MCGS 组态平台来实时地监控 PLC 中相关数据的变化，使温度控制系统的工艺生产状态在监控界面上真实地再现出来，以便操作人员监控工艺生产的各个参数。

5. 温度控制系统的 PLC 程序设计

1) 主程序

初始化 PID 参数，指定采样周期为 0.1 s，中断时间为 100 ms。

初始化程序如图 4-2-3 所示。

2) 中断服务程序

(1) 网络 1：将温度检测元件热电阻检测到的信号转换为 0～1 之间的数，送到 PID_PV。数据采集程序如图 4-2-4 所示。

(2) 网络 2：实现手动/自动切换。手动/自动切换程序如图 4-2-5 所示。

(3) 网络 3：将 0～1 之间的输出值转换为标准的输出值，送到 AQW0。输出处理程序如图 4-2-6 所示。

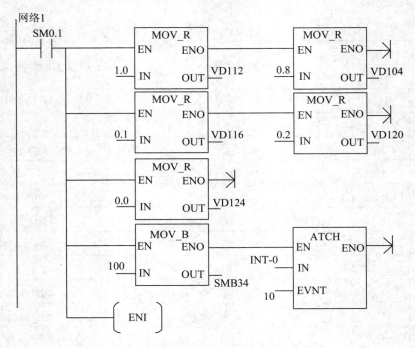

图 4-2-3　初始化程序

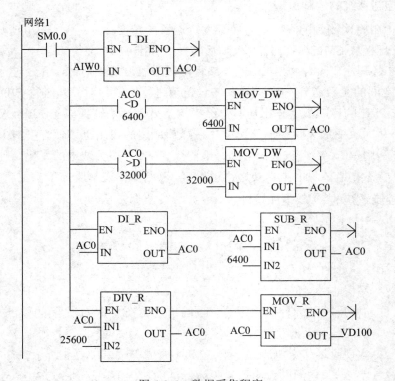

图 4-2-4　数据采集程序

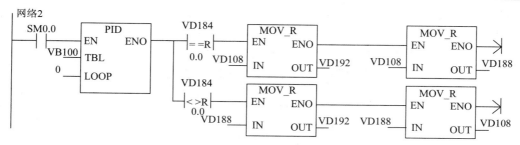

图 4-2-5 手动/自动切换程序

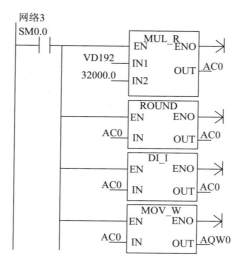

图 4-2-6 输出处理程序

6. 温度控制系统的组态

1) 新建工程

选择"文件"→"新建工程"菜单项,新建"温度控制系统.MCG"工程文件。

2) 数据库组态

温度控制系统数据库规划如图 4-2-7 所示。

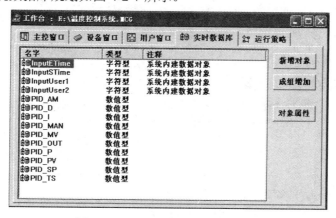

图 4-2-7 温度控制系统数据库规划

3) 设备组态

(1) 打开工作台中的"设备窗口"标签，双击设备窗口，在空白处单击鼠标右键，打开"设备工具箱"，添加如图 4-2-8 所示的设备。

图 4-2-8　设备窗口组态

(2) PLC 属性设置如图 4-2-9 所示。

图 4-2-9　PLC 属性设置

4) 用户窗口组态

(1) 打开"用户窗口"标签，创建温度控制系统窗口。

(2) 双击温度控制系统窗口，打开动画组态界面，绘制如图 4-2-10 所示的图形(参考模块三中的项目二)。

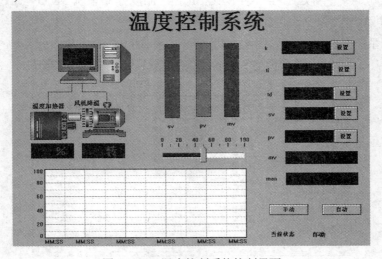

图 4-2-10　温度控制系统控制界面

(3) 在组态画面中，分别将相应的图形与变量(PID_PV、PID_SP、PID_MV、PID_P、PID_TS、PID_I、PID_D、PID_AM、PID_MAN、PID_OUT 等)建立联系。

(4) 将实时曲线的画笔与 PID_PV、PID_SP、PID_OUT 等变量一一建立连接。

六、实操考核

项目考核采用步进式考核方式，考核内容如表 4-2-3 所示。

表 4-2-3　项目考核表

学　号		1	2	3	4	5	6	7	8	9	10	11	12
姓　名													
考核内容进程分值	硬件接线(5 分)												
	控制原理(10 分)												
	PLC 程序设计(20 分)												
	PLC 程序调试(10 分)												
	数据库组态(10 分)												
	设备组态(10 分)												
	用户窗口组态(25 分)												
	系统统调(10 分)												
扣分	安全文明												
	纪律卫生												
总　评													

七、注意事项

(1) 热电阻接线时要采取三线制接法。

(2) 温度控制系统应采用 PID 调节规律。

(3) 采集的数据在进行 PID 运算以前要将其转换为 0～1 之间的实数。

(4) 由 PID 运算的输出信号要转换为 PLC 的标准输出值。

(5) 控制信号在送往调压器之前要经过 EM235 模拟量处理模块进行处理。

八、系统调试

(1) 温度控制系统 PLC 程序调试。在开环状态下，测试温度信号是否能采集，手动控制信号是否能够送到执行机构。

(2) MCGS 仿真界面调试。

① 运行初步调试正确的 PLC 程序。

② 进入 MCGS 运行界面，将系统置于手动方式，观察输入/输出信号是否正常显示。如果显示不正常，则须检查硬件接线及设备组态，直到显示正常为止。

③ 将系统置于自动方式，观察显示曲线是否达到温度控制系统的控制要求，否则应修

改相应的程序或参数。

(3) 反复调试，直到组态界面和 PLC 程序都达到温度控制系统要求为止。

(4) 调试中的常见问题及解决方法：

① 常见问题：测量值不显示。

解决方法：检查温度变送器的接线是否正常，并检查数据采集程序是否正确。

② 常见问题：温度调节性能差。

解决方法：采取 PID 调节规律。

项目三　　风机变频控制系统

　　本项目主要讨论速度测量传感器、台州富凌变频器、风机变频控制系统的组成、工作原理、PLC程序设计与调试、MCGS组态方法及统调等内容，使学生具备组建简单计算机监督控制系统的能力。

一、学习目标

1．知识目标

(1) 掌握EM235模块的使用方法。

(2) 掌握速度测量传感器的使用方法。

(3) 掌握台州富凌变频器的使用方法。

(4) 掌握风机变频控制系统的控制要求。

(5) 掌握风机变频控制系统的硬件接线。

(6) 掌握风机变频控制系统的通信方式。

(7) 掌握风机变频控制系统的控制原理。

(8) 掌握风机变频控制系统PID控制的设计方法。

(9) 掌握风机变频控制系统PLC程序的设计方法。

(10) 掌握风机变频控制系统组态的设计方法。

2．能力目标

(1) 初步具备风机变频控制系统的分析能力。

(2) 初步具备PLC风机变频控制系统的设计能力。

(3) 初步具备风机变频控制系统PLC程序的设计能力。

(4) 初步具备对PID闭环控制系统的设计能力。

(5) 初步具备风机变频控制系统的组态能力。

(6) 初步具备风机变频控制系统PLC程序与组态的统调能力。

二、要求学生必备的知识与技能

1．必备知识

(1) PLC应用技术基本知识。

(2) 闭环控制系统基本知识。

(3) 组态技术基本知识。

(4) PID控制原理。

2．必备技能

(1) 熟练的PLC接线操作技能。

(2) 熟练的 PLC 编程调试技能。

(3) 计算机监督控制系统的组建能力。

三、相关知识

1. EM235 模块

见本模块中的项目一。

2. 风机模块前面板

风机模块前面板如图 4-3-1 所示。

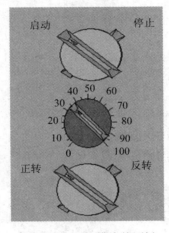

图 4-3-1　风机模块前面板

3. 调速器

调速器的特性为：电源输入电压为 0～36 V，通过 PWM 技术，调节输出电压不超过输入电压；控制输入电压为 0～10 V，输入电阻大于 100 kΩ。

4. 速度测量传感器

速度测量传感器为光电耦合器件，这里采用的是夏普公司的高性能光电发射测量元件，其内部电路和引脚图如图 4-3-2 所示。

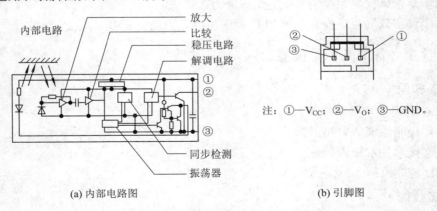

(a) 内部电路图　　　　　　　　　(b) 引脚图

图 4-3-2　速度测量传感器内部电路

5. 台州富凌变频器

变频器的前操作面板如图 4-3-3 所示。

图 4-3-3 变频器的前操作面板

变频器的操作方法如下：

变频器的操作面板采用三级菜单结构进行参数设置等操作。三级菜单分别为功能参数组(一级菜单)、功能码(二级菜单)和功能设定值(三级菜单)。其操作流程如图 4-3-4 所示。

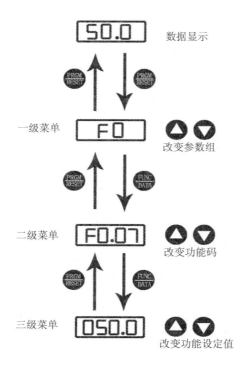

图 4-3-4 变频器操作流程

6. 风机

小型的三相风机具有声音小、耗电低的特点，同时可以实现正转、反转等控制，作为变频器控制的对象。由于其功率小，因此可以采用 220 V AC 输入，得到 220 V 的三相输出。

四、理实一体化教学任务

理实一体化教学任务见表 4-3-1。

表 4-3-1　理实一体化教学任务

任务一	风机变频控制系统的控制要求
任务二	风机变频控制系统的基本配置及接线图
任务三	风机变频控制系统的 I/O 分配
任务四	风机变频控制系统的控制原理
任务五	风机变频控制系统 PLC 的程序设计
任务六	风机变频控制系统的组态

五、理实一体化教学步骤

1. 风机变频控制系统的控制要求

(1) 用速度测量传感器、风机、PLC、EM235 模拟量处理模块、变频器等构成风机闭环控制系统。

(2) 用 MCGS 软件来监控风机变频控制系统。

(3) 实现对风机变频控制系统的定值调节。

2. 风机变频控制系统的基本配置及接线图

(1) 实训设备基本配置：

速度测量传感器	一套
风机	一个
EM235 模拟量处理模块	一块
变频器	一台
RS-232 转换接头及传输线	一根
MCGS 运行狗	一个
计算机	一台/人
西门子 S7-200 SMART PLC	一台

(2) 系统接线。

① 风机变频控制系统接线图如图 4-3-5 所示。

② 台州富凌 ZB2000 型变频器接线图如图 4-3-6 所示。

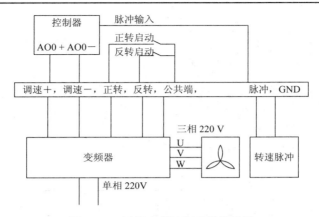

图 4-3-5　风机变频控制系统接线图

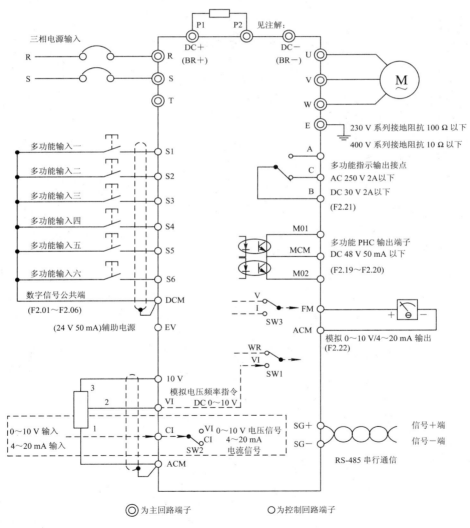

图 4-3-6　台州富凌 ZB2000 型变频器接线图

变频器的选择为单相输入，频率外部给定为电压型。

3. 风机变频控制系统的 I/O 分配

风机变频控制系统的 I/O 分配见表 4-3-2。

表 4-3-2　　风机变频控制系统的 I/O 分配

PLC 中 I/O 分配		注　释	MCGS 实时数据对应的变量
元　件	地　址		
速度测量传感器	I0.0	脉冲输入	
PID_PV	VD100	测量值	PID_PV
PID_SP	VD104	设定值	PID_SP
PID_MV	VD108	自动输出值	PID_MV
PID_P	VD112	比例系数	PID_P
PID_TS	VD116	采样时间，以秒为单位，必须为正数	PID_TS
PID_I	VD120	积分时间	PID_I
PID_D	VD124	微分时间	PID_D
PID_AM	VD184	手动/自动切换	PID_AM
PID_MAN	VD188	手动输出值	PID_MAN
PID_OUT	VD192	总输出	PID_OUT

4. 风机变频控制系统的控制原理

如图 4-3-7 所示，速度测量传感器将风机的转速转换成脉冲信号后经 I0.0 送给高速计数器，在 PLC 程序中设计 100 ms 的中断程序读取高速传感器的当前值，并经过标度变换将其转换成 0～1 之间的实数送到 PID 模块，与设定值进行比较后对偏差进行 PID 运算，将运算结果转换成 PLC 的标准数字输出信号，经模拟量处理模块转换成 4～20 mA 的输出信号送到变频器，变频器通过面板来控制风机的正转、反转以及转速，使风机的转速稳定在设定值上。利用 MCGS 组态平台来实时地监控 PLC 中相关数据的变化，使风机变频控制系统的工艺生产状态在监控界面上真实地再现出来，以便操作人员监控工艺生产的各个参数。

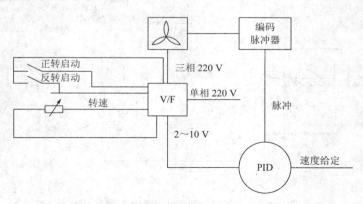

图 4-3-7　风机变频控制系统控制图

5. 风机变频控制系统的 PLC 程序设计

1) 符号表

符号表见表 4-3-3。

表 4-3-3　符　号　表

符　号	地　址	注　释
Always-on	SM0.0	PLC 运行时始终为 ON
First-scan-on	SM0.1	仅第一个扫描周期中接通为 ON
INT_0	INT0	中断程序注释
PID_PV	VD100	测量值
PID_SP	VD104	设定值
PID_MV	VD108	自动输出值
PID_P	VD112	比例系数
PID_TS	VD116	采样时间，以秒为单位，必须为正数
PID_I	VD120	积分时间
PID_D	VD124	微分时间
PID_AM	VD184	手动/自动切换
PID_MAN	VD188	手动输出值
PID_OUT	VD192	总输出
Time_0_Intrvl	SMB34	定时中断 0 的时间间隔(1~255，以 1 ms 为增量)
HSC0_CTRL	SMB37	HSC0 设备与控制
HSC0_PV	SMD42	HSC0 的新预置值
HSC0_CV	SMD38	HSC0 的新当前值

2) 主程序

(1) 主程序包括两个网络。

① 网络 1：初始化 PID 参数，指定采样周期为 0.1 s，中断时间为 100 ms。初始化程序如图 4-3-8 所示。

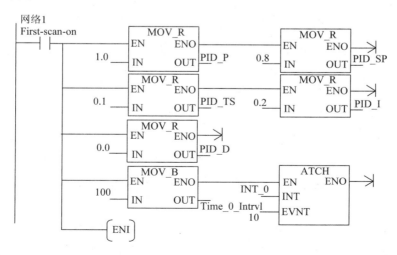

图 4-3-8　初始化程序(1)

② 网络 2：定义高速计数器为 HSC0，当前值为 0，最大计数值为 1000000，并启动高速计数器 HSC0。初始化程序如图 4-3-9 所示。

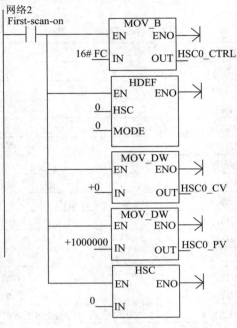

图 4-3-9　初始化程序(2)

(2) 中断服务程序包括：

① 网络 1：风机每转一圈产生 7 个脉冲，将 100 ms 产生的脉冲数除以 0.7，得到每秒的转速，送到 LD0，重新启动计数器计数。数据采集程序如图 4-3-10 所示。

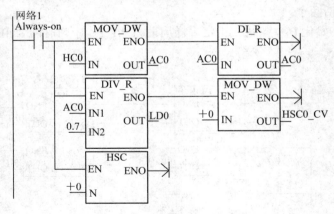

图 4-3-10　数据采集程序

② 网络 2：将转速转换为 0～1 之间的数送到 PID_PV。输入处理程序如图 4-3-11 所示。

③ 网络 3：实现手动/自动切换。手动/自动切换程序如图 4-3-12 所示。

④ 网络 4：将 0～1 之间的输出值转换为标准的输出值送到 AQW0。输出处理程序如图 4-3-13 所示。

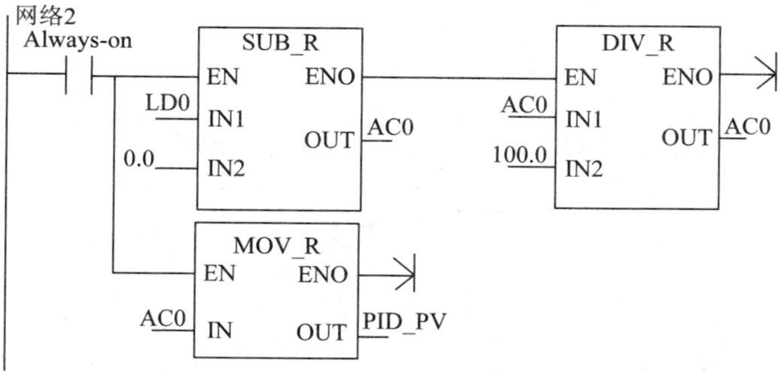

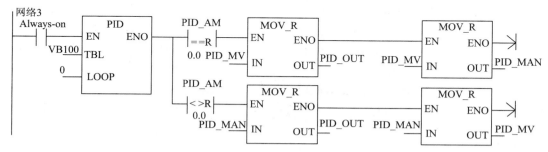

图 4-3-11　输入处理程序

图 4-3-12　手动/自动切换程序

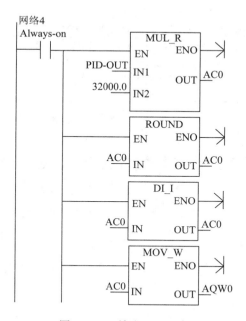

图 4-3-13　输出处理程序

6. 风机变频控制系统的组态

1) 新建工程

选择"文件"→"新建工程"菜单项，新建"风机变频控制系统.MCG"工程文件。

2) 数据库组态

风机变频控制系统的数据库规划如图 4-3-14 所示。

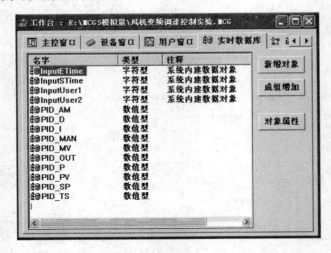

图 4-3-14　风机变频控制系统的数据库规划

3) 设备组态

(1) 打开工作台中的"设备窗口"标签，双击设备窗口，在空白处单击鼠标右键，打开"设备工具箱"，添加如图 4-3-15 所示的设备。

图 4-3-15　风机变频控制系统设备窗口组态

(2) 风机变频控制系统的 PLC 属性设置如图 4-3-16 所示。

图 4-3-16　风机变频控制系统的 PLC 属性设置

4) 用户窗口组态

(1) 打开"用户窗口"标签，创建风机变频控制系统窗口。

(2) 双击风机变频控制系统窗口，打开动画组态界面，绘制如图 4-3-17 所示的图形(参考模块三中的项目二)。

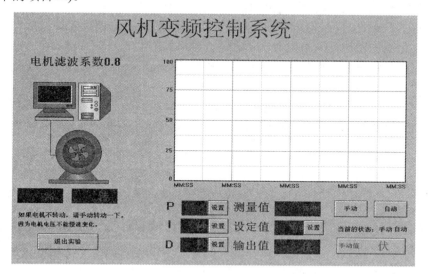

图 4-3-17 风机变频控制系统控制界面

(3) 在组态画面中，分别将相应的图形与变量(PID_PV、PID_SP、PID_MV、PID_P、PID_TS、PID_I、PID_D、PID_AM、PID_MAN、PID_OUT 等)建立联系。

(4) 将实时曲线的画笔与 PID_PV、PID_SP、PID_OUT 等变量一一建立连接。

六、实操考核

项目考核采用步进式考核方式，考核内容如表 4-3-4 所示。

表 4-3-4 项目考核表

	学 号	1	2	3	4	5	6	7	8	9	10	11	12	13
	姓 名													
考核内容进程分值	硬件接线(5 分)													
	控制原理(10 分)													
	PLC 程序设计(20 分)													
	PLC 程序调试(10 分)													
	数据库组态(10 分)													
	设备组态(10 分)													
	用户窗口组态(25 分)													
	系统统调(10 分)													
扣分	安全文明													
	纪律卫生													
总 评														

七、注意事项

(1) 风机变频控制系统采用高速计数器采集风机的转速。

(2) 风机变频控制系统组态的连接必须与 PLC 的 I/O 口一一对应。

(3) 采集的数据在进行 PID 运算以前要将其转换为 0～1 之间的实数。

(4) PID 运算的输出信号要转换为 PLC 的标准输出值。

(5) 控制信号在送往变频器之前要经过 EM235 模拟量处理模块进行处理。

八、系统调试

(1) 风机变频控制系统 PLC 程序调试。反复调试 PLC 程序，直到达到风机变频控制系统的控制要求为止。

(2) MCGS 仿真界面调试。

① 运行初步调试正确的 PLC 程序。

② 进入 MCGS 运行界面，调试 MCGS 组态界面，观察显示界面是否达到风机变频控制系统的控制要求，否则应根据风机变频控制系统的显示需求添加必要的动画，再根据动画要求修改 PLC 程序。

(3) 反复调试，直到组态界面和 PLC 程序都达到控制要求为止。

(4) 调试中的常见问题及解决方法：

① 常见问题：数据不显示。

解决方法：在设备组态中解决通道连接问题。

② 常见问题：变频器工作不正常。

解决方法：检查变频器的输入信号是否正常，若不正常，再检查 PLC 的模拟量输出是否正常，否则应反复修改 PLC 程序，直到模拟量输出正常为止。

项目四　　液位串级控制系统

本项目主要讨论液位串级控制系统的组成、工作原理、MCGS 组态方法及统调等内容，使学生具备组建简单计算机直接数字控制系统的能力。

一、学习目标

1. 知识目标

(1) 掌握液位串级控制系统的控制要求。

(2) 掌握液位串级控制系统的硬件接线。

(3) 掌握液位串级控制系统的通信方式。

(4) 掌握液位串级控制系统的控制原理。

(5) 掌握液位串级控制系统 PID 控制的设计方法。

(6) 掌握液位串级控制系统脚本程序的设计方法。

(7) 掌握液位串级控制系统组态的设计方法。

2. 能力目标

(1) 初步具备简单工程的分析能力。

(2) 初步具备串级控制系统的构建能力。

(3) 增强独立分析、综合开发研究、解决具体问题的能力。

(4) 初步具备对 PID 串级控制系统的设计能力。

(5) 初步具备液位串级控制系统的分析能力。

(6) 初步具备液位串级控制系统的组态能力。

(7) 初步具备液位串级控制系统的统调能力。

二、要求学生必备的知识与技能

1. 必备知识

(1) 检测仪表及调节仪表的基本知识。

(2) 串级控制系统的组成。

(3) 计算机控制基本知识。

(4) 泓格 7017 模拟量输入模块基本知识。

(5) 泓格 7024 模拟量输出模块基本知识。

(6) 计算机输入通道基本知识。

(7) 计算机输出通道基本知识。

(8) PID 控制原理。

(9) 计算机直接数字控制系统基本知识。

(10) 闭环控制系统基本知识。

(11) 组态技术基本知识。

2. 必备技能

(1) 熟练的计算机操作技能。

(2) 变送器的调校技能。

(3) 控制器的调校技能。

(4) 泓格 7017 模拟量输入模块的接线能力。

(5) 泓格 7024 模拟量输出模块的接线能力。

(6) 计算机直接数字控制系统的组建能力。

三、相关知识

1. 泓格 7017 模拟量输入模块简介

见模块三中的项目一相关内容。

2. 泓格 7024 模拟量输出模块简介

见模块三中的项目一相关内容。

四、理实一体化教学任务

理实一体化教学任务见表 4-4-1。

表 4-4-1　理实一体化教学任务

任务一	液位串级控制系统的工艺流程
任务二	液位串级控制系统控制方案的设计
任务三	液位串级控制系统的基本配置及接线图
任务四	液位串级控制系统的控制原理
任务五	液位串级控制系统的组态
任务六	液位串级控制系统设备的组态

五、理实一体化教学步骤

1. 液位串级控制系统的工艺流程

液位串级控制系统的工艺流程图见图 4-4-1。

液位串级控制系统有两个调节器和主、副两个被控对象。下水箱液位是主对象 $h2$，中水箱液位是副对象 $h1$，两个调节器分别设置在主、副回路中。设在主回路中的调节器称为主调节器，设在副回路中的调节器称为副调节器。两个调节器串联连接，主调节器的输出作为副回路的设定值，副调节器的输出去控制执行元件。

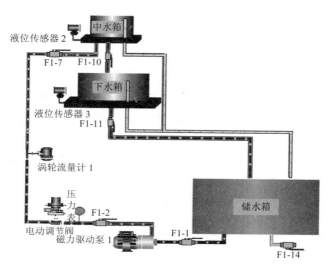

图 4-4-1　液位串级控制系统的工艺流程图

2. 液位串级控制系统控制方案的设计

用泓格 7017 智能模块、泓格 7024 智能模块、PID 控制软设备实现对液位的串级控制，并用 MCGS 软件实现对各种参数的显示、存储与控制功能。

3. 液位串级控制系统的基本配置及接线图

(1) 实训设备基本配置：

液位对象(有液位变送器和电动调节阀)	一套
泓格 7017 模拟量输入模块	一块
泓格 7024 模拟量输出模块	一块
RS-485/RS-232 转换接头及传输线	一根
MCGS 运行狗	一个
计算机	一台/人

(2) 液位串级控制系统接线。液位串级控制系统接线如图 4-4-2 所示，如果没有液位对象，可用信号发生器和电流表代替液位变送器和电动调节阀。

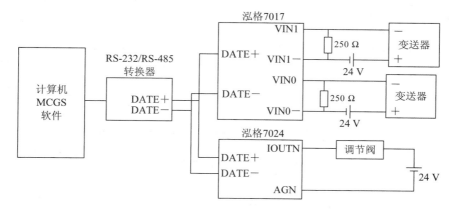

图 4-4-2　液位串级控制系统接线图

4. 控制系统的控制原理

中水箱、下水箱的液位信号经过两个液位变送器的转换，将其按量程范围转换为 4~20 mA 的电流信号，经 250 Ω 的标准电阻转换为 1~5 V 的电压信号，然后送到模数转换模块泓格 7017 的 0、1 通道，将两路 1~5 V 的电压信号转换为数字信号，经 RS-485 到 RS-232 的转换，转换为计算机能够接收的信号送到计算机，计算机按人们预先规定好的串级控制程序，对被测量进行分析、判断、处理，按预定的控制算法(如 PID 控制)进行运算，从而送出一个控制信号，经 RS-232 到 RS-485 的转换，然后送到数模转换模块泓格 7024 的 0 通道，转换为 4~20 mA 的电流信号送到电动调节阀，从而控制水箱进水流量的大小。

主回路是一个定值控制系统，而副回路是一个随动控制系统。串级系统由于增加了副回路，因而对于进入副回路的干扰具有很强的抑制作用，使作用于副环的干扰对主变量的影响大大减小。

5. 液位串级控制系统的组态

1) 新建工程

选择"文件"→"新建工程"菜单项，新建"液位串级控制系统.MCG"工程文件。

2) 数据库组态

液位串级控制系统的数据库规划如图 4-4-3 所示。

图 4-4-3　液位串级控制系统的数据库规划

3) 设备组态

(1) 打开工作台中的"设备窗口"标签，双击设备窗口，在空白处单击鼠标右键，打开"设备工具箱",添加如图 4-4-4 所示的设备。

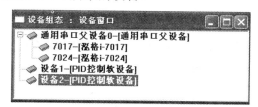

图 4-4-4　液位串级控制系统设备窗口组态

(2) 泓格 7017 属性设置如图 4-4-5 所示。

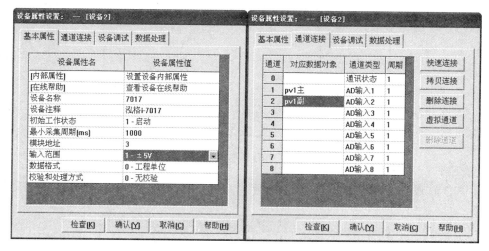

图 4-4-5　泓格 7017 属性设置

(3) 泓格 7024 属性设置如图 4-4-6 所示。

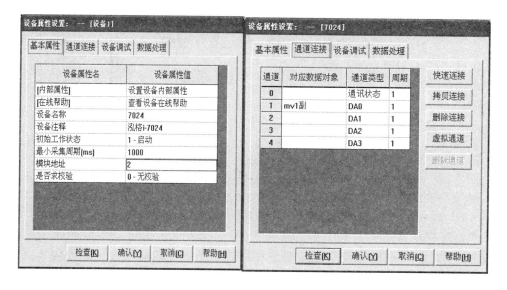

图 4-4-6　泓格 7024 属性设置

至此，设备组态完毕。

(4) PID 软设备 1 的设置如图 4-4-7 所示。

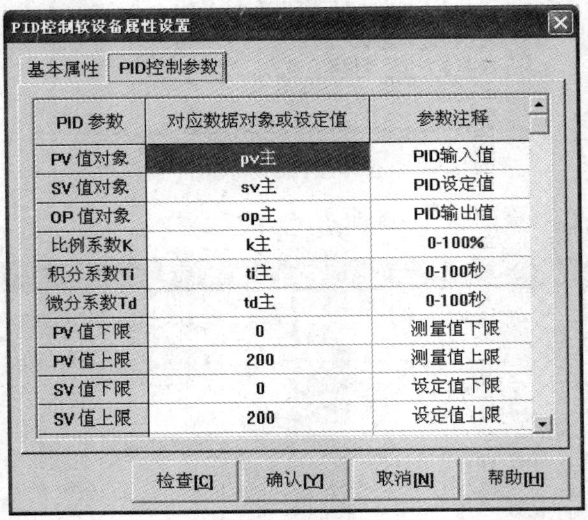

图 4-4-7　PID 软设备 1 的设置

(5) PID 软设备 2 的设置如图 4-4-8 所示。

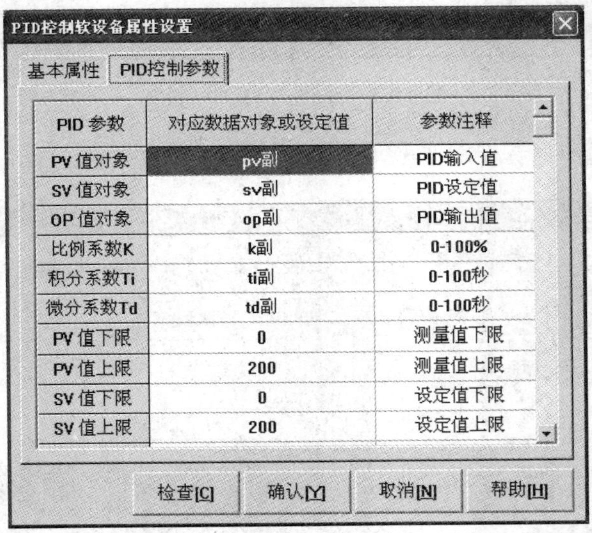

图 4-4-8　PID 软设备 2 的设置

4) 用户窗口组态

(1) 打开"用户窗口"标签，创建液位串级控制系统窗口。

(2) 双击液位串级控制系统窗口，打开动画组态界面，绘制如图 4-4-9 所示的图形(参考模块三中的项目二)。

❖ 主控制器条形显示：红色显示设定值 sv 主，绿色显示测量值 pv 主，紫色显示总输出 mv2 主，实时曲线、历史曲线、报表、报警也显示相应的参数和相应的颜色。

❖ 副控制器条形显示：红色显示设定值 sv 副，绿色显示测量值 pv 副，紫色显示总输出 mv2 副，实时曲线、历史曲线、报表、报警也显示相应的参数和相应的颜色。

❖ 主、副控制器的数字显示及设置按钮分别连接至各自的 k、ti、td、sv、pv、mv、op、mv2、mv1。

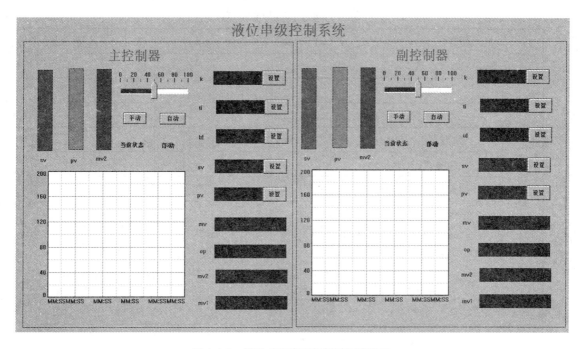

图 4-4-9　液位串级控制系统控制界面

5) 循环脚本

循环脚本程序如下：

```
pv 主=(pv1 主/5000-1)*50
pv 副=(pv1 副/5000-1)*50
if qh 主=1 then
    mv2 主=mv 主
else
    mv2 主=op 主
endif
sv 副=mv2 主*2
if qh 副=1 then
    mv2 副=mv 副
else
    mv2 副=op 副
```

endif

mv1 副=mv2 副/6.25+4

六、实操考核

项目考核采用步进式考核方式，考核内容如表 4-4-2 所示。

表 4-4-2　项目考核表

学　号		1	2	3	4	5	6	7	8	9	10
姓　名											
考核内容进程分值	硬件接线(5 分)										
	控制原理(10 分)										
	数据库组态(20 分)										
	设备组态(10 分)										
	用户窗口组态(20 分)										
	循环脚本组态(10 分)										
	系统统调(25 分)										
扣分	安全文明										
	纪律卫生										
总　评											

七、注意事项

(1) 液位串级控制系统接线时只用泓格 7017 的两个通道。

(2) 副控制器的设定值要与主控制器的输出信号相连接。

(3) 液位串级控制系统送到对象的输出只有一个。

八、系统调试

(1) 调试液位串级控制系统 MCGS 仿真界面。

(2) 主回路调试：

① 开环调试。将主回路手动/自动切换按钮置于手动方式，观察控制系统测量值和输出值是否正常显示。如果显示不正常，则须检查系统接线及设备组态，直到显示正常为止。

② 闭环调试。将手动/自动切换按钮置于自动方式，观察控制系统的控制效果是否达到控制要求。如果没有达到控制要求，则应反复进行调试，直到达到控制要求为止。

(3) 副回路调试：

① 开环调试。将主回路手动/自动切换按钮置于手动方式，将副回路手动/自动切换按

钮置于手动方式，观察副回路控制系统测量值和输出值是否正常显示。如果显示不正常，则应检查系统接线及设备组态，直到显示正常为止。

　　② 闭环调试。将主回路手动/自动切换按钮置于手动方式，将副回路手动/自动切换按钮置于自动方式，观察控制系统的控制效果是否达到控制要求。如果没有达到控制要求，则应反复调试，直到达到控制要求为止。

　　(4) 将主回路、副回路都置于自动方式，使控制系统进入串级控制方式。

项目五　西门子 S7-300 PLC 液位控制系统

本项目主要讨论西门子 S7-300 PLC 的结构特点、工作原理、PID 模块的原理、MCGS 组态以及系统调试等内容，使学生具备用 S7-300 PLC 及 MCGS 软件组建简单计算机监控系统的能力。

一、学习目标

1. 知识目标

(1) 掌握西门子 S7-300 PLC 的工作原理。

(2) 掌握模拟量输入/输出模块的特性。

(3) 掌握模拟量控制的相关知识。

(4) 掌握液位控制系统的控制要求。

(5) 掌握液位控制系统 PID 控制算法的设计方法。

(6) 掌握西门子 S7-300 PLC 液位控制系统的构成。

(7) 掌握简单控制系统的设计思路。

(8) 掌握西门子 S7-300 PLC 液位控制系统的硬件接线。

(9) 掌握西门子 S7-300 PLC 液位控制系统设备的连接。

(10) 掌握控制系统的组态设计方法。

2. 能力目标

(1) 初步具备简单工程的分析能力。

(2) 初步具备过程控制系统的设计能力。

(3) 增强独立分析、综合开发研究、解决具体问题的能力。

(4) 初步具备西门子 S7-300 PLC 系统的设计能力。

(5) 初步具备西门子 S7-300 PLC 系统的应用能力。

(6) 初步具备对简单控制算法 PID 的设计能力。

(7) 初步具备对西门子 S7-300 PLC 系统中 PID 模块的应用能力。

(8) 初步具备对简单过程控制系统进行组态的设计能力。

(9) 初步具备西门子 S7-300 PLC 系统的调试能力。

二、要求学生必备的知识与技能

1. 必备知识

(1) 计算机控制基本知识。

(2) 计算机直接数字控制系统基本知识。

(3) 西门子 S7-300 PLC 系统基本知识。

(4) 西门子 S7-300 PLC 系统模拟量输入/输出模块基本知识。

(5) I/O 信号处理基本知识。

(6) 简单过程控制系统基本知识。

(7) 检测仪表及调节仪表的基本知识。

(8) PID 控制原理。

(9) PLC 编程的基本知识。

(10) 组态技术基本知识。

2. 必备技能

(1) 熟练的计算机操作技能。

(2) 简单过程控制系统分析能力。

(3) S7-300 PLC 系统搭建能力。

(4) S7-300 PLC 编程软件的使用技能。

(5) S7-300 PLC 简单程序的调试技能。

(6) S7-300 PLC 硬件的接线能力。

(7) 仪表信号类型的辨识能力。

(8) S7-300 PLC PID 模块应用能力。

(9) 计算机监控系统的组建能力。

三、理实一体化教学任务

理实一体化教学任务见表 4-5-1。

表 4-5-1 理实一体化教学任务

任务一	水箱液位控制系统的控制要求
任务二	水箱液位控制系统控制方案的设计
任务三	S7-300 PLC 冰箱液位控制系统的基本配置及接线图
任务四	S7-300 PLC 水箱液位控制系统的控制原理
任务五	S7-300 PLC 水箱液位控制系统 PLC 程序程序的设计
任务六	S7-300 PLC 水箱液位控制系统的组态

四、理实一体化教学步骤

1. 分析水箱液位控制系统的控制要求

水箱液位控制系统结构图和方框图如图 4-5-1(a)、(b)所示。被控量为上水箱液位 Q1(也可采用中水箱或下水箱)的高度,要求上水箱的液位稳定在给定值。将压力传感器检测到的上水箱液位信号作为测量信号,通过控制器控制电动调节阀的开度,达到控制上水箱液位的目的。系统的控制器应采用 PI 控制规律。

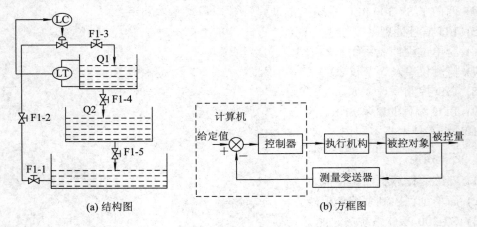

图 4-5-1　上水箱液位控制系统

2. 水箱液位控制系统控制方案的设计

(1) 系统 I/O 设计：AI(2 个)，AO(1 个)。

(2) 系统构成设计：用一台 S7-300 PLC(CPU 315-2 DP)、一个 SM331 模拟量输入模块和一个 SM332 模拟量输出模块，以及一块西门子 CP5611 专用网卡和一根 MPI 网线实现对 S7-300 PLC 液位的控制，并用 MCGS 软件实现对各种参数的显示、存储与控制功能。图 4-5-2 所示为 S7-300 PLC 控制系统结构图。

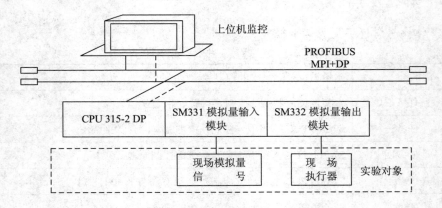

图 4-5-2　S7-300 PLC 控制系统结构图

3. S7-300 PLC 水箱液位控制系统的基本配置及接线图

(1) 实训设备基本配置：

液位对象(带液位变送器和电动调节阀)	一套
S7-300 PLC CPU(CPU 315-2 DP)	一个
模拟量输入模块(SM331)	一个
模拟量输出模块(SM332)	一个
通信卡(CP5611 专用网卡)	一个
通信电缆(MPI)	一个

计算机　　　　　　　　　　　　　　　　　　　　一台/人

(2) S7-300 PLC 液位控制系统接线。S7-300 PLC 系统硬件配置图如图 4-5-3 所示，接线图如图 4-5-4 所示。如果没有液位对象，可用信号发生器和电流表代替液位变送器和电动调节阀。

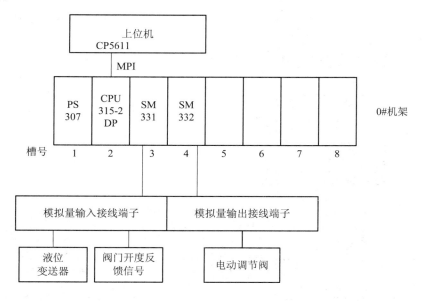

图 4-5-3　S7-300 PLC 系统硬件配置图

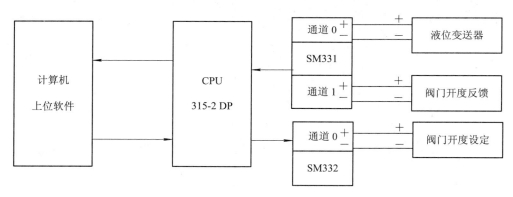

图 4-5-4　S7-300 PLC 系统硬件接线图

4. S7-300 PLC 水箱液位控制系统的控制原理

上水箱液位信号经液位变送器的转换，成为 4~20 mA 的电流信号，然后送到 S7-300 PLC 系统 SM331 模块的 0 通道，通过 SM331 模块内部 D/A 转换电路将 4~20 mA 的电流信号转换为数字信号送到 CPU 模块 CPU 315-2 DP 中，然后按照预先编写的程序，对被测量对象进行分析、判断、处理，按预定的控制算法进行 PID 运算，从而送出一个控制信号，送到 SM332 模块的 0 通道，经 D/A 转换器转换为 4~20 mA 的电流信号送给电动调节阀，从而通过调节阀门的开度来达到控制水箱进水流量的目的。阀门的开度可通过 SM331 模块的 1 通道传送到计算机进行显示。

5. S7-300 PLC 水箱液位控制系统 PLC 控制程序

1) 硬件组态

打开 STEP 7 编程软件，进行系统组态、CPU 的参数设置、模块的参数设置及地址分配，如图 4-5-5 所示。其中，S7-300 PLC 系统机架上有 8 个槽，编号为 1～8。1 号槽必须放电源模块，2 号槽必须放 CPU 及扩展模块，4～8 号槽可以任意放置各种 SM(信号模块)。

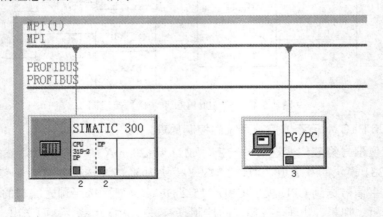

S...	Module	Order number	...	Firmware	MPI ad...	I add...	Q address	Comment
1	PS 307 5A	6ES7 307-1EA00-0AA0						
2	CPU 315-2 DP	6ES7 315-2AG10-0AB0		V2.6	2			
X2	DP					2047*		
3								
4	AI8x12Bit	6ES7 331-7KF02-0AB0				256...271		
5	AO4x12Bit	6ES7 332-5HD01-0AB0					256...263	
6								

图 4-5-5　S7-300 PLC 系统硬件组态

2) 通信组态

网络连接的组态如图 4-5-6 所示。

图 4-5-6　S7-300 PLC 系统硬件网络连接

3) 符号表

符号表见表 4-5-2。

表 4-5-2　符　号　表

符号	地址	数据类型	注　释
CONT_C	FB 41	FB 41	连续 PID 控制
CYC_INT5	OB 35	OB 35	循环中断组织块
SCALE	FC 105	FC 105	标度变换
T_Level	PIW 256	WORD	液位采样值
F_Feedback	PIW 258	WORD	阀门开度采样值
T_Ret_Val	MW 20	WORD	液位标度变换后错误代码显示值
T_Out	DB2.DBD 0	REAL	液位显示值
F_Ret_Val	MW 22	WORD	阀门开度标度变换后错误代码显示值
F_Out	DB2.DBD 4	REAL	阀门开度显示值
Polar	M 0.0	BOOL	标度变换极性判断
F_InstDB	DB 1	FB 41	背景数据块
F_SP	PQW 256	WORD	阀门开度控制信号输出

4) 建立程序逻辑块

逻辑块包括组织块 OB、功能块 FB 和功能块 FC。根据控制系统要求，分别新建共享数据块、功能块 FC105(标度变换子程序)、PID 控制功能块 FB41(连续控制专用 PID 模块)及对应背景数据块 DB1，并插入系统的循环中断组织块 OB35(默认循环周期为 100 ms)，具体如图 4-5-7 所示。

图 4-5-7　程序块的组成

5) 编写程序

水箱液位控制系统现场检测仪表发送的信号是 4～20 mA 的电流信号，通过编写子程序实现 4～20 mA 电流信号到电动阀门开度 0～100 的标度变换。根据控制要求，利用 PID 算法及组织块的调用实现水箱液位的定值控制。

由于现场采集到的模拟量信号需要进行标度变换，标度变换程序设计中必须要把从模块通道上采集到的值进行转换，并将转换后的数据进行存储，因此需要建立共享数据块，本项目中定义为 DB2。打开数据块 DB2，根据水箱液位信号和阀门开度信号的特点，依次对信号通道设置如下：

● T_Out——REAL 型，地址为 DB2.DBD0；

● F_Out——REAL 型，地址为 DB2.DBD4。

主程序包括两个网络，由于 STEP 7 软件系统函数库文件中包含标度变换子程序

"SCALE"和"PID",因此应用中一般只需要在主程序中调用并进行相应参数设置即可。

(1) 网络 1:对现场采集到的模拟量信号进行标度变换,在 OB35 中断组织块内进行调用,中断时间为 100 ms,如图 4-5-8 和图 4-5-9 所示。

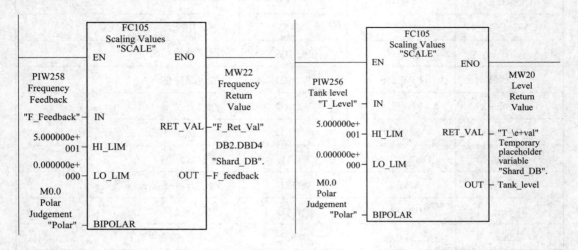

图 4-5-8　标度变换程序(1)　　　　　　　图 4-5-9　标度变换程序(2)

(2) 网络 2:调用 PID(对应背景数据块为 DB1),进行参数设定并连接变量,中断时间设置为 100 ms,如图 4-5-10 所示。

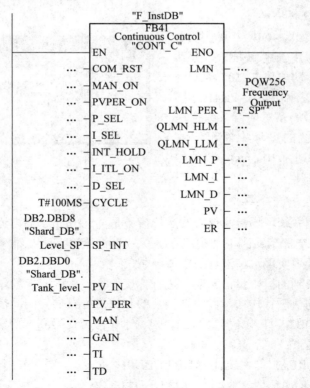

图 4-5-10　PID 程序调用

(3) 保存编译。

6. S7-300 PLC 液位控制系统的组态

1) 新建工程

选择"文件"→"新建工程"菜单项,新建"S7-300 PLC 液位控制系统.MCG"工程文件。

2) 数据库组态

西门子 S7-300 PLC 液位控制系统数据库规划如图 4-5-11 所示。

图 4-5-11 西门子 S7-300 PLC 液位控制系统数据库规划

3) 设备组态

(1) 打开工作台中的"设备窗口"标签,双击设备窗口,在空白处单击鼠标右键,打开"设备工具箱",添加如图 4-5-12 所示的设备。

(2) PLC 属性设置如图 4-5-13 所示。

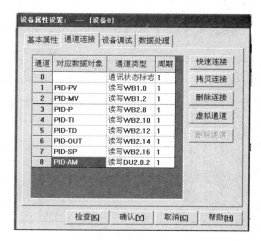

图 4-5-12 设备窗口组态　　　　图 4-5-13 PLC 属性设置

4) 用户窗口组态

(1) 打开"用户窗口"标签,创建 S7-300 PLC 液位控制系统窗口。

(2) 双击 S7-300 PLC 液位控制系统窗口,打开动画组态界面,绘制如图 4-5-14 所示的图形(参考模块三中的项目二)。

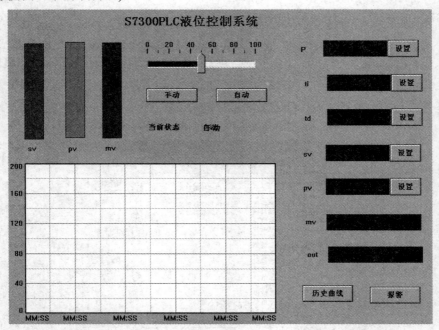

图 4-5-14　西门子 S7-300 PLC 液位控制系统控制界面

(3) 在组态画面中，分别将相应的图形与变量(PID_PV、PID_SP、PID_MV、PID_P、PID_TS、PID_I、PID_D、PID_AM、PID_MAN、PID_OUT 等)建立联系。

(4) 将实时曲线的画笔与 PID_PV、PID_SP、PID_MAN 等变量一一建立连接。

五、实操考核

项目考核采用步进式考核方式，考核内容如表 4-5-3 所示。

表 4-5-3　项目考核表

	学　号	1	2	3	4	5	6	7	8	9	10	11	12
	姓　名												
考核内容进程分值	硬件接线(5 分)												
	控制原理(10 分)												
	PLC 程序设计(20 分)												
	PLC 程序调试(10 分)												
	数据库组态(10 分)												
	设备组态(10 分)												
	用户窗口组态(25 分)												
	系统统调(10 分)												
扣分	安全文明												
	纪律卫生												
	总　评												

六、注意事项

(1) 在进行水箱液位控制系统硬件组态时，应注意要与实际选择的硬件模块型号一致。

(2) 在选择水箱液位控制系统模块时，应注意要与检测仪表、变送仪表的信号类型一致。

(3) 在进行水箱液位控制系统硬件组态时，注意模块起始地址的分配。

(4) 在进行水箱液位控制系统组态时，注意 S7-300 PLC 与上位机之间网络通信方式的设置。

七、系统调试

(1) 水箱液位控制系统 PLC 电源系统检测。

① 用 MPI 通信电缆线将 S7-300 PLC 连接到计算机 CP5611 专用网卡，并按照图 4-5-3 所示进行系统硬件接线。

② 接通总电源空气开关和钥匙开关，打开 24 V 开关电源，给 S7-300 PLC、压力变送器上电及电动调节阀上电，测量各模块的供电电源是否为 24 V。

(2) 水箱液位控制系统 PLC 硬件模块上电测试。

① 模拟量输入模块的参数设置。8 通道 12 位模拟量输入模块(订货号为 6ES7 331-7KF02-0AB0)的参数设置如图 4-5-15 所示，"4DMU"是 4 线式电流测量信号，"R-4L"是 4 线式热电阻信号，"TC-I"是热电偶信号，"E"表示测量种类为电压信号。未使用某一组的通道应选择测量种类中的"Deactivated"(禁止使用)。

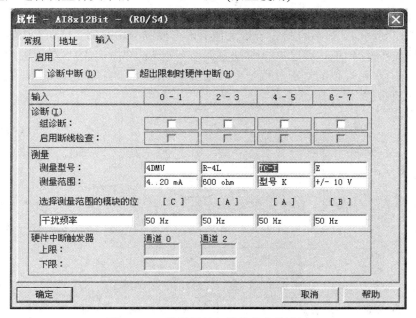

图 4-5-15　模拟量输入模块的参数设置

SM331 采用积分式 A/D 转换器，积分时间直接影响到 A/D 转换时间、转换精度和干扰抑制频率。为了抑制工频频率，一般选用 20 ms 的积分时间。

② 模拟量输出模块的参数设置。CPU 进入 STOP 时的响应：不输出电流电压(0 V)、保持最后的输出值(KLV)和采用替代值(SV)。

(3) 水箱液位控制系统 PLC 程序调试。打开 STEP 7 软件，并打开"S7-300/TANK_LEVEL1"程序，进行下载调试。

① 建立在线连接。通过硬件接口连接计算机和 PLC，然后通过在线的项目窗口访问 PLC。管理器中执行菜单命令"View"→"Online"或"View"→"Offline"进入在线或离线状态。在线窗口显示的是 PLC 中的内容，离线窗口显示的是计算机中的内容。如果 PLC 与 STEP 7 中的程序和组态数据是一致的，则在线窗口显示的是 PLC 与 STEP 7 中数据的组合。

② 下载。要下载的程序编译好后，令 CPU 处于"STOP"模式，然后进行下载。

在保存块或下载块时，STEP 7 首先进行语法检查，应改正检查出来的错误。下载前应将 CPU 中的用户存储器复位。可以用模式选择开关复位，CPU 进入 STOP 模式，再用菜单命令"PLC"→"Clear/Reset"复位存储器。

③ 系统诊断。系统诊断具有以下功能：
● 快速浏览 CPU 中的数据和用户程序在运行中的故障原因；
● 用图形方式显示硬件配置、模块故障；
● 显示诊断缓冲区的信息等。

(4) 水箱液位控制系统 MCGS 监控界面调试。将 S7-300 PLC 置于运行状态后，运行 MCGS 组态软件，打开"S7-300 PLC 液位控制系统.MCG"工程，然后激活运行环境，进入 S7-300 PLC 液位控制系统监控界面。

① 上位机与 S7-300 PLC 之间的通信。为了保证画面中正常显示各模块采集到的现场信号，必须在调试前确保 MCGS 设备标签中的 COM1 连接 S7-300 PLC 的设备地址为 2.2。

② PID 控制画面。待液位稳定于给定值后，将控制器切换到"自动"控制状态，在画面窗口中设置液位给定值，通过 PID 算法各调节参数 K_P、T_I、T_D 的参考值进行调节。经过系统调节，检验水箱液位的响应过程是否接近图 4-5-16 所示响应规律，否则应适当调节参数或者修改控制方案。

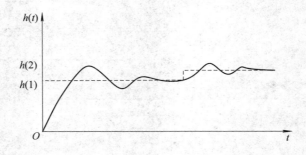

图 4-5-16　单容水箱液位的阶跃响应曲线

③ 趋势曲线画面、报表画面监控以及报警显示。系统运行过程中，可以通过在水箱液位控制系统主画面窗口中进行参数设置，来监控趋势曲线画面的曲线显示结果、报表中的数据显示以及报警提示等信息是否正常。

模块四思考题

1. 电机转速控制系统应采用哪种调节规律？
2. 光电耦合器可应用在哪些场合？
3. 在 PLC 中如何实现输入信号的标度变换？
4. 去掉微分作用，应该将微分时间放在何处？
5. 如何实现电机转速控制系统的定值控制？
6. 热电阻测温时，为什么要采取三线制接法？
7. 在 PLC 中如何实现温度输入信号的标度变换？
8. 在 PLC 中如何对输出信号进行转换？
9. 温度控制一般采取哪一种调节规律？
10. 如何实现风机变频控制系统的开环控制？
11. 如何实现风机变频控制系统的定值控制？
12. 串级控制系统有什么特点？
13. 如何实现串级控制系统的投运？
14. 串级控制系统主副回路控制规律如何设置？
15. 主控制器设为手动方式，副回路是随动控制系统吗？
16. 西门子 S7-300 系列 PLC 的模拟量输入模块信号类型有哪几种？
17. 水箱液位控制系统中采用 PID 算法，PID 算法的作用是什么？

思考题参考答案

参 考 文 献

[1]　周少武. 大型可编程序控制器系统设计. 北京：中国电力出版社，2001.

[2]　龚仲华. S7-200/300/400 PLC 应用技术. 北京：人民邮电出版社，2008.

[3]　马应魁. 计算机控制系统. 北京：化学工业出版社，2006.

[4]　王银锁. 过程控制工程. 北京：化学工业出版社，2009.

[5]　廖常初. PLC 基础及应用. 北京：机械工业出版社，2007.

[6]　刘瑞华. S7 系列 PLC 与变频器. 北京：中国电力出版社，2008.